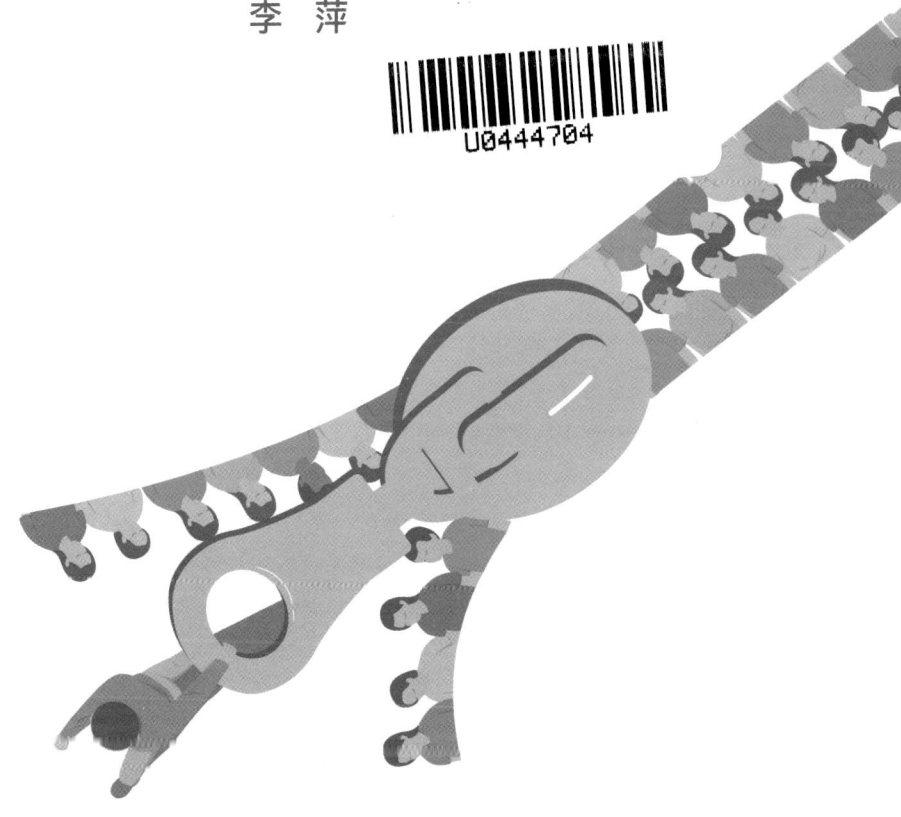

内心强大心理学
停止被动的人生

李 萍

中国纺织出版社有限公司

内 容 提 要

这个世界没有什么救世主，我们唯有靠自己的力量才能改变命运。一个人想要成功就必须停止被动的人生，就必须积极主动，而这就需要你有一颗强大的心脏，唯有如此，你才能无所畏惧，才能摒弃流言蜚语，才能在人生路上无论遇到什么艰难险阻都能心无旁骛，努力向前，也才能把握住自己的幸福。

这是一本帮助我们唤醒人生斗志的励志读物，它从心理学的角度入手，鼓励我们积极主动地改变当下不满意的现状，引导我们学会独立自主、积极自信，以强大的心灵面对和改变生活，希望本书能对广大读者有所启发。

图书在版编目（CIP）数据

内心强大心理学.停止被动的人生 / 李萍编著. -- 北京：中国纺织出版社有限公司，2024.7
ISBN 978-7-5229-1655-2

Ⅰ.①内… Ⅱ.①李… Ⅲ.①心理学—通俗读物 Ⅳ.①B84-49

中国国家版本馆CIP数据核字（2024）第073039号

责任编辑：李 杨　　责任校对：高 涵　　责任印制：储志伟

中国纺织出版社有限公司出版发行
地址：北京市朝阳区百子湾东里A407号楼　邮政编码：100124
销售电话：010—67004422　传真：010—87155801
http://www.c-textilep.com
中国纺织出版社天猫旗舰店
官方微博 http://weibo.com/2119887771
天津千鹤文化传播有限公司印刷　各地新华书店经销
2024年7月第1版第1次印刷
开本：880×1230　1/32　印张：7.5
字数：135千字　定价：49.80元

凡购本书，如有缺页、倒页、脱页，由本社图书营销中心调换

前言 PREFACE

生活中，我们经常提到"命运"一词，并且，不少人认为，命运是注定的。然而，要成为什么样的人，拥有怎样的人生，是取决于我们自己的。正如"石油大王"洛克菲勒曾说的："每个人都是他自己命运的设计者和建筑师。"生活中的你，如果渴望改变命运，那么，你首先要做的就是积极主动，对当下糟糕的状态做个告别，并为自己的人生做好积累，你才能打造属于自己的辉煌。

的确，世界上什么事都可能发生，就是不会发生不劳而获的事，那些随波逐流、墨守成规的人，最终都与成功无缘。实际上，那些成功者，比如企业家、政治家、个体经营者、厨师、建筑设计师，他们的成功大都来自他们在自己岗位上的努力付出，他们的成功有一个相同点，就是都沿着自己命运的方向，努力地建筑自己。而那些没有成功的人有两个共同点，就是不知道自己能成为怎样的房屋，也没努力地为自己添砖加瓦。

我们每个人都要明白，这个世界上没有什么救世主，要学会设计自己的人生，才能改变自己的命运。纳粹德国某集中营的一位幸存者维克托·弗兰克尔说过:"在任何特定的环境中,人们还有一种最后的自由,就是选择自己的态度。"可能很多人会产生疑问,如何才能"选择自己的态度"呢?其实,这完全取决于我们自身的选择。

在这个变幻莫测和充满奇迹的时代,谁都希望能出人头地,谁都希望获得财富,可是,一些年轻人在遇到一点阻碍时便开始抱怨自己的出身不好,没有良好的基础,他们时常嗟叹自己时运不济,命途多舛,认为自己的出发点没有自己想象中的那般理想。然而,你是否考虑过,你真的明确自己的目标吗?要知道,一个人的起点如何,并不能决定他的人生,即使你的起点不好,你更应该去拼搏,去改变自己的命运。如果你有坚定的信念和执着的毅力,可以为改变自己的命运付出汗水,那么你的人生绝不会因人生起点的欠缺而受到影响;反过来,如果你衣食无忧,成长环境优越,而你沉醉于享乐之中,那么,你的起点再好,你也会最终"泯然众人矣"。

其实命运是很公平的。如果上帝没赋予你美貌,那一定会赋予你智慧;如果没赋予你智慧,那一定会赋予你美德;如果没赋予你逻辑思维能力,那一定会赋予你形象思维能力;如果没赋予你动脑能力,那一定会赋予你动手能力。每个人都是上帝的宠儿,上帝一定赋予了你很多闪光的优点,只是你要能认识到,并把它们发挥出来。

为此,我们需要记住的是,千万别好高骛远,异想天开,更不要自暴自弃，怨天尤人。每天混日子，不思进取，不学无术，不务正业，如果这样，即使你命中注定能成为高楼大厦，你也终将会是一片废墟。不是一分耕耘就有一分收获，但不耕耘肯定没有收获。

总之，每个人的命运都掌握在自己手里，因此，不要抱怨自己基础不好，不要抱怨自己时运不济，学会掌控自己的命运，并为目标努力，才是改变命运的最佳方法。

那么，现在的你是否需要一本帮你重启心灵之门的智慧之书呢？

本书就是这样一本教你强大内心，从绝望中寻找希望和方向的书。本书会告诉你，真正幸福、成功的人生来自积极主动的改变，如果你现在的状态很糟糕，那么，你就要告别被动的人生。只要你坚信努力能改变命运，并愿意为之付出，你就能获得改变。你要记住，真正的命运是靠自己的双手改写的，无论如何，我们也不可以对这个世界投降，只要你足够强大，你就能打败恐惧，努力前行。

目录
CONTENTS

第 01 章
CHAPTER 01

不逼自己一把，你不会知道自己有多优秀
001

拖延是行动的大敌　002

机遇稍纵即逝，不可错过　005

将"放弃"二字从你的人生字典中删除　009

现在不吃苦，如何改变命运　012

真正的强者，不给自己留退路　015

做好每件小事，你就成功了　018

第 02 章
CHAPTER 02

用心经营你的人脉圈，关键时刻好成事
023

多结善缘，多交益友　024

心眼明亮，远离损友　027

良好的人际关系，引领你创造美好未来　030

提升自我，好形象才有好人缘　033

真正的知己，不牵涉利益　036

第 03 章
CHAPTER 03
千磨万击还坚劲，经得住打磨的人生才会赢
041

- 主动接受历练，人生才会赢　042
- 即将成功，别功亏一篑　044
- 你管不住自己，又怎能征服他人　047
- 不怕贫穷，就怕没有远大的志向　050
- 自我反省，弥补缺憾　054
- 心性平和，方能宠辱不惊　057

第 04 章
CHAPTER 04
你的心有多强大，你人生的格局就有多大
061

- 认真对待当下的每件事，为成功添砖加瓦　062
- 放眼世界，展望未来　064
- 与人友善，何必置气　067
- 你的人生高度，取决于你的气度　071
- 面对诱惑，要有强大的自控信念　074

第 05 章
CHAPTER 05
停止被动的人生，跟眼前的苟且做个告别
079

- 每天努力一点点，进步一点点　080
- 人要有梦想，不然和咸鱼有什么区别　084
- 编织梦想，一步步达成目标　087
- 内心坚定，努力朝梦想进发　090
- 不只要有梦想，还要为梦想付出行动　093

第 06 章
CHAPTER 06
驾驭你的情绪，心性平和方能远离浮躁
097

烦恼皆自找，庸人自扰之 098

生活，需要一颗平常心 101

冲动是魔鬼，三思而后行 105

要主宰你的人生，先要主宰你的情绪 108

静下心来，不被浮躁干扰 112

你不能掌控人生，但能左右你的心情 115

第 07 章
CHAPTER 07
不为失败找借口，只为成功找方法
119

努力做事，只找方法不找借口 120

面对人生，你的心态如何 123

"我能行"是一种积极的心理暗示 127

你要有为自己的行为负责的魄力 130

行动，是验证梦想的必经过程 132

一旦抱怨，人生就会黯然失色 136

逆境，是对你人生的巨大考验 139

第 08 章
CHAPTER 08
你不改变，看起来努力也没意义
143

认真工作的你，散发着无穷的魅力 144

不到最后，你有什么理由放弃 147

你不坚持，怎能看到柳暗花明 151

你不知道，你有着惊人的潜能 155
人生勇于改变，才更灿烂 158

第 09 章 CHAPTER 09
找到方向，驶向未来的路就在脚下延伸
163

抓大放小，不要在无关紧要的事情上浪费精力 164
凡事有主见，不被他人左右 165
要始终将人生"方向盘"掌控在自己手中 169
你是你自己，才有精彩的人生 172
你要有自己的兴趣爱好，人生才不会无趣 175
坚持"充电"，你才有前进的能量 178

第 10 章 CHAPTER 10
心向阳光，你就会充满温暖和能量
183

换个角度，看到事情的另一面 184
心向阳光，就不惧黑暗 187
保持正能量，积极向前 190
你快乐还是悲伤，全由心掌控 193
每天为自己上一堂自我反省课 196
凡事看淡，宠辱不惊 200

第 11 章
CHAPTER 11
实现完美自我蜕变，你的人生也将改变
205

贪念有毒，会让你迷失自我 206

以正确的心态面对失败 210

大丈夫能忍人所不能忍，才能为人所不能为 213

做好自身建设，才能构建人生 216

时机来临时，一定要积极主动地抓住 219

只有改变自己，才能改变环境 223

参考文献 226

第01章
CHAPTER 01

不逼自己一把，你不会知道自己有多优秀

很多人舍不得让自己吃苦，总怕自己吃了亏，其实这是一种错误的观念。舍不得让自己吃苦的人，很可能一辈子受苦。想要追求更有品质的生活，就要懂得逼自己一把，这样你才能看出自己到底有多出色。生活中要活得精彩，就要懂得不断向前迈进，抓住机遇，不断攀登，还要有不放弃的精神，不断努力，尽力做好每一件事，那么，成功自然会水到渠成。

拖延是行动的大敌

艾伦一直有一个毛病，办事情总是拖拖拉拉，不仅在生活上是这样，工作上也是如此。例如，在工作中艾伦常常积压一大堆来信。如果第一封信中涉及一个棘手的问题，艾伦就把它搁置一旁，找一封容易答复的信去处理。就这样，没多久的时间，艾伦手头那些没有回复的信已经堆了好几包了。可是在艾伦眼里这是没办法的事，他感觉无法改变。

对此，曾有人告诉过艾伦："不要以为拖拖拉拉的习惯是无伤大局的，它是个能使你的抱负落空并且破坏你的幸福，甚至夺去你生命的恶棍。"

是的，或许在艾伦看来这不是大事，或者也无心改变，但是我们却不能把这种习惯当成是一种独有的个性，也不要觉得自己是改变不了这种现状的。其实，拖延对我们来说是一个非常严重的坏习惯，正如其他坏习惯一样，它也同样可以被克服掉。其实，对于艾伦来说，他不应回避那些涉及棘手问题的信，而应首先处理它们。这样之后，他得到的鼓舞会使剩余的任务迎刃而解的。

后来，艾伦听从了大家的意见，也认识到了事情的严重性，他决心改掉这个毛病，直到彻底战胜它为止。艾伦不断向身边的人学习，他自己也掌握了一个原则：如果有一件事情要做，立即就干。最后，艾伦终于成功地改掉了拖拉的坏习惯。

拖延让我们的惰性越来越强，拖延让我们的借口越来越多，拖延让我们成事越来越少。总之，拖延就是潘多拉的魔盒，一旦打开，就会把我们推向无底深渊。如果你还想做一个有上进心的人，如果你不想蹉跎你的人生，那么就不要为自己的拖拖拉拉找借口了。

程刚和李寒是大学同学，关系比较好，于是毕业之后他们去了同一家公司面试，幸运的是都被该公司录用了。因为刚毕业没什么经验，所以一开始，公司给他们开出的薪水都很低。面对低薪，程刚愤愤不平。于是在平时的工作中程刚总是埋怨，推卸责任，还利用工作时间和同事闲聊，把工作丢到一旁毫无顾忌。渐渐地，程刚做事变得拖拉起来，效率低下。要他星期一早上交的方案，到星期二早上依然未做完。经理批评他，他就带着情绪工作，把方案做得一塌糊涂。再后来，程刚接到工作任务时，不是考虑如何把工作做好，而是一开始就在想如何开脱、推卸责任。

李寒则不同，他虽然对低薪也感到不满，但他并未一味地去抱怨、闹情绪。在李寒看来，机会来自于汗水，一分耕耘一分收获，只有今天的努力，才能换来明天的收获。李寒懂得多利用业余时间学习，他经常在车间走动，熟悉制作工艺，学习产品生产流程，即使汗流浃背，也一丝不苟。一段时间后，李寒的负责、勤奋、好学引起了经理的注意。不久，李寒就被提拔为经理助理。而程刚因为对工作总是一拖再拖，最后被公司解雇了。

担任助理一职后，李寒依然积极主动，认真负责地处理公司的每一项事务，分内的、简单的事，他总是第一时间完成；重要的、紧急的、需要领导决策的事情，他会及时向经理汇报，并督促各部门坚持及时把工作做好、做到位。在李寒的组织管理和协调下，公司的生产效率得到了极大的提高。

工作中很多人喜欢拖拖拉拉，好像自己占了便宜一般。他们觉得这是明智之举，这样做不但会使自己的工作变得轻松，而且所得到的报酬也不会因此而减少，那么又何乐而不为呢？可是他们却没有发现，他们已经把自己推到了懒惰、平庸、枯燥、失败的边缘。

工作中因拖延而丧失斗志，生活中也因为拖延而浪费时间的事情也是不在少数。很多人总是这样想，"等我有钱了，我一定带着我的父母到世界各地转一转""等我有时间了，我要去看看我之前的小伙伴""等我条件再优秀一点，我就对我喜欢的女孩表白""等到下一个春天到来，我一定会陪你去看最美的风景"……等着，等着，时间都过去了，而我们到底实现了几个当初的愿望，又兑现了多少承诺呢？其实很多事情我们都想做，可是都没做，我们总是在等待最恰当的时机。事情就这样一天天、一次次地拖着，在拖延的过程中，我们蹉跎了岁月，也留下了遗憾。时间不等人，拖延让我们做的事情越来越少。所以说，不要拖拖拉拉，有什么事情就尽力去做吧，不要让拖延的毛病导致自己一事无成。即刻去做，不仅提高你的办事效率，也是一种良好的生活习惯，更能体现出一个人对生命的尊重。

机遇稍纵即逝，不可错过

什么是机遇？其实机遇是一种有利的环境因素，让有限的资源发挥无穷的作用，借此更有效地创造利益。所谓"谋事在人，成事在天"，说的是事业成功取决于两方面的因素，一是主观努力，二是客观机遇。很多人在生活中因为抓不住机遇而总是徒留遗憾，最终后悔莫及。是的，机遇就像我们指缝间的时间，稍纵即逝，所以说，当机遇来到我们身边的时候，我们一定要好好地把握住它。

《飘》这部文学名著在文学史上产生了很大的影响，根据《飘》改编的电影也是很受人追捧，其中因扮演女主角斯嘉丽而大放光彩的费雯·丽也是受到了很多人的喜爱。但是我们或许不知道，在接下这个角色之前，她其实只是一个不受瞩目的小角色。她之所以能够因此而一举成名，就是因为她大胆地抓住了自我表现的良好机遇。当《飘》开拍时，女主角的人选还没有最后确定。毕业于英国皇家戏剧艺术学院的费雯·丽当即决定争取出演斯嘉丽这一角色。"怎样才能让导演知道我就是斯嘉丽的最佳人选呢？"这个问题困扰着她。

费雯·丽想了很多方法，最终她做出了一个决定，她要自己向制片人举荐自己，证明她是最合适的人选。一天晚上，刚拍完《飘》的外景，制片人大卫又愁眉不展了。可是正在自己郁闷的时候，他看到楼梯上走下来两个人，那位男士他认识，可是那个女士怎么这么陌生呢？只见她一手扶着男主角的扮演者，另一手按住帽子，居然把自己扮演成了斯嘉丽的形象。她那双明亮的眼睛，纤细的腰肢，都让人们为之惊艳。当时大卫感到非常好奇，她的举止有一种似曾相识的感觉。正在这时，男主角兴奋地向他喊了一声："喂！请看斯嘉丽！"大卫一下子惊住了："天呀！真是踏破铁鞋无觅处，得来全不费功夫。这不就是活脱脱的斯嘉丽吗？！"于是，费雯·丽被选中了。

这就是懂得为自己创造机遇的典型案例，费雯·丽用自己的智慧去制造机会，因而接下女主这一角色，从而一举成名。朋友们，机遇是非常重要的，我们要懂得为自己去制造良好的条件，这样才能更好地达成我们的目标，实现我们的愿望。

很久以前，住在伯利恒的大卫还是一个小孩子，他有七个强壮的哥哥。

虽然他只是一个孩子，但他长得英俊而强健。当哥哥们去山上放羊的时候，他也跟着一起跑。大卫就这样一天天长大，后来，他开始照看一部分羊群。

有一回，当大卫躺在山坡上看羊的时候，突然，一头狮子从森林中冲出来，并叼走了一只羊。大卫想都没想，就去追赶狮子，他纵身一跃，跳到了狮子的身上，抓住了狮子的鬃毛，他赤手空拳就杀死了那头狮子。

随后不久，战争爆发了。扫罗王召集军队去迎战，大卫有三个哥哥随扫罗王出征了，由于大卫年纪小，只能留在家里。一个半月后，大卫借着送食物的名义来到军营。当他到达那里时，只见喊声震天，军队正严阵以待，而对面的山坡上，站着一个大巨人。他正大踏步来回地走动着，炫耀着自己的强壮与勇猛。

没有一个人敢前去迎战，大卫想上前去挑战一下，他喊道："我要去迎战那个巨人。神将与我同在，我不会害怕的……"大卫的哥哥想封住他的嘴，但来不及了。一旁早有人跑去报告给了扫罗王。

国王下令召见大卫，当大卫被带到扫罗王跟前时，扫罗王看到他还是个孩子，便想劝阻。但是，大卫向国王讲述了他如何赤手空拳杀死狮子的事迹，并信誓旦旦地说："既然上帝能让我战胜狮子，那个巨人也没什么可怕的！"

国王允许了，对他说："去吧，孩子，上帝与你同在！"

国王要把自己最好的武器赐给大卫，但被他拒绝了。大卫拿出自己的家伙，拎起牧羊童的袋子，背着投石器，就离开了军营。接着，他又在小溪边挑选出了五块圆滑的石子。然后就去迎战巨人了，巨人见到对方只是个孩子，便压根儿不把他放在眼里。面对对方那庞大的身躯，大卫一点儿也不害怕。他勇敢地喊道："开始吧，拿好你的矛和你的盾。今天，上帝既然把你交到我的手中，我就一定会将你打败的！"

巨人冲向大卫，大卫一扭身子，躲过了巨人的庞大身躯。接着，他把手伸进袋子，掏出一块圆滑的石子，然后将其装在投石器上，同时，紧紧地盯着巨人前额与头盔的连接处，拉起投石器，用强健的右臂将石子掷出去。只听"嗖"的一声，石子重重地击中了巨人的前额，巨人轰然倒地。一瞬间大卫飞奔过去，拔出剑，把巨人的头割了下来。

巨人死了之后，军队士气大增，纷纷冲下山坡，杀向四处逃散的非利士人。

战争结束后，扫罗王把大卫招来，并对他说："你不用回去了，你将成为我的儿子。"

大卫就留在了扫罗王的营帐。很多年后，他取代扫罗王，成为新一任国王。

机不可失，时不再来，我们每一个人都明白这个道理，可是能做到的又有几个呢？抓住了机会，我们就可能乘风而起，登上成功的巅峰；如果错失了机会，我们就可能会与唾手可得的成功擦肩而过，因而懊悔不已。你不理机遇，机遇也不会理你，那么你离自己的梦想就会越来越遥远。当机遇来临时，我们一定要紧紧地抓住。当机遇还未到时，我们不要只是苦苦等待，无所事事，我们要结合时局为自己创造机遇，这样我们才能成为一个有所收获、有所成就的人。

将"放弃"二字从你的人生字典中删除

罗勃特·史蒂文森说过："不论担子有多重，每个人都能支持到夜晚的来临；不论工作多么辛苦，每个人都能做完一天的工作，每个人都能很甜美、很有耐心、很可爱、很纯洁地活到太阳下山，这就是生命的真谛。"是的，生命是美好的，只是每个人看待事物的心情不同罢了。很多人遇到挫折或磨难总是会失去生活的信念，轻言放弃，自甘堕落，但是他们却不知，车到山前必有路，只要自己努力去改变，希望其实就在不远处，人们所经历的一切只不过是对自己更好的磨炼罢了。

所以说，不论何时，不要轻易说放弃，相信大家都应该明白，成功者决不放弃，放弃者绝不会成功。要想拥有自己的一片明朗的天空，靠的是自我努力，而不是自我放弃。

开学第一天，古希腊大哲学家苏格拉底对他的学生们说："今天咱们只学一件最简单而且最容易做的事。每人把胳膊尽量往前甩，然后尽量往后甩。"说着，苏格拉底示范做了一遍。

"从今天开始，每天做30下。大家能做到吗？"学生们都笑了，大声回答道："当然能。"大家都在想：这么简单的事，有什么做不到的。

过了一个月，苏格拉底问学生们："开学时我让大家坚持做的事情，就是每天甩手30下，哪些同学坚持了？"有超过九成的同学都骄傲地举起了手。

苏格拉底微微点头。

又过了一个月，苏格拉底又问了同样的问题。这回，坚持下来的学生只有八成。

一年以后，苏格拉底再次问大家："请告诉我，最简单的甩手运动，还有哪几位同学坚持了？"

这时，整个教室里，只有一个人举起了手。

这个学生就是后来成为古希腊另一位大哲学家的柏拉图。

其实这只是一个简简单单的小动作，可是却极少有人能坚持下去。这个故事不是说谁甩手谁就能成功，它代表的是一种毅力，永不放弃的决心。多少人刚开始踌躇满志，在经历风雨后却丧失了斗志，坚持不是一件容易的事情，可是放弃却在一念之间。如果在历经逆境的磨炼之后，仍然能够傲然前行的人，就必定能成就自信的人生。

丽莎和艾文是一家大公司的职员，可是有一天公司传来消息打算裁员，在名单中，出现了丽莎和艾文的名字，按规定一个月之后她们必须离岗,当时她俩的眼眶就红了。

次日,她们来到公司,看到裁员名单后两个人心里还是很不舒服的。丽莎的情绪仍然非常激动,跟谁都没有什么好脸色。可是丽莎不敢找老总去发泄,只能跟主任诉冤,找同事哭诉,说:"为什么是我?我一直尽职尽责地工作,公司这样对我真的是太不公平了。"

丽莎声泪俱下的样子,外人看着也是非常辛酸,可是又不知如何安慰,而丽莎也只顾着到处诉苦,以至于她的分内工作,诸如传送文件、收发信件等都不再过问了。

丽莎其实一直以来都是一个很不错的同事,平时和大家相处得也很好。可是最近名单下来之后,丽莎活脱脱变了一个人似的,整天气乎乎的,许多人都开始有些怕和丽莎接触,躲着她,后来就有点厌烦她了。

艾文和丽莎的心态却是截然相反,在裁员名单公布之后,当天晚上艾文哭得泣不成声,但是想了一夜之后,她的心态有所转变,她觉得事情已成定局,不如欣然接受,她还和以前一样地工作。由于大家都不好意思再吩咐艾文做什么,艾文便主动向大家揽活。面对大家同情和惋惜的目光,艾文表现非常淡定,她总是一笑带过说:"事情就这样了,没办法挽回,还不如欣然接受,抱怨也没用,只是浪费时间和精力,与其这样还不如干好最后一个月,以后想干恐怕都没有机会了。"每天,艾文还是像之前那样勤快地打字复印,随叫随到,坚守在自己的岗位上。

一个月后，丽莎如期下岗，而艾文的名字却从裁员名单中删除，留了下来。领导当众传达了老总的话："艾文的岗位，谁也无可替代，艾文这样的员工，公司永远不嫌多！"

抱怨能改变什么？只不过会让身边的人反感，让自己一味地消沉。与其这样，还不如尽最大努力去改变自己，丰富自己。如果我们自我放弃，那么没有人能帮助我们。所以说，我们在身处逆境的时候，不要堕落；在痛苦不堪的时候，不要绝望；在迷茫彷徨的时候，不要丧失斗志，我们一定要一遍遍告诫自己："全世界都可以放弃我们，但是我们却不可以放弃自己。"这是对自己的鼓舞，更是对自己尊严的敬重。

现在不吃苦，如何改变命运

"故天将降大任于是人也，必先苦其心志，劳其筋骨，饿其体肤，空乏其身，行拂乱其所为，所以动心忍性，曾益其所不能。"如果一个人舍不得让自己吃苦，那么也就注定一辈子受苦。很多时候，我们需要对自己狠一点，这样才能激发自己的斗志。"吃得苦中苦，方为人上人。"不要把苦难当成不可逾越的伤痛，也不要把它看得如此消极，一个人只有经历了艰难困苦的磨炼，才能真正树立起战胜困难的信心，在日后的人

第 01 章
不逼自己一把，你不会知道自己有多优秀

生中面对各种挑战。

宋濂，明朝初年浦江人，担任了翰林学士承旨、知制诰。他奉命主修《元史》，参与了许多重大文化活动和制定典章制度的工作，颇得明太祖朱元璋的器重，被人认为是明朝开国大臣之中的佼佼者。

宋濂年幼的时候，家境十分贫苦，但他苦学不辍。他自己在《送东阳马生序》中讲："我小的时候非常好学，可是家里很穷，没有什么办法可以寻到书看，所以只能向有丰富藏书的人家去借来看。因为没钱买不起，借来以后，就赶快抄录下来，每天拼命地赶时间，计算着到了时间好还给人家。"就是这样他积累了丰富的学识。

有一次，天气特别寒冷，冰天雪地，北风狂吼，以至于砚台里的墨都冻成了冰，家里穷，哪里有火来取暖？宋濂手指冻得无法屈伸，但仍然苦学，不敢有所松懈，借来的书坚持要抄好送回去。抄完了书，天色已晚，宋濂只能冒着严寒，一路跑着去还书给人家，一点不敢超过约定的还书日期。因为他守信，许多人都愿意把书借给他看。他因此能够博览群书，增长见识，为他以后成才奠定了基础。

到了20岁，宋濂成年了，就更加渴慕圣贤之道，但是也知道自己所在穷乡僻壤缺乏名士大师，于是他不顾辛劳常常跑到几百里以外的地方，去找自己同乡中那些已有成就的前辈虚心学习。后来他觉得这样学习不是长久之计，于是就到学校里

拜师学习。一个人背着书箱，拖着鞋子，从家里出来，走在深山之中，寒冬的大风，吹得他东倒西歪，数尺深的大雪，把脚下的皮肤都冻裂了，鲜血直流，他也没有察觉。等到了学馆，人几乎冻死，四肢僵硬得不能动弹，学馆中的仆人拿着热水把他全身慢慢地擦热，用被子盖好，很长时间以后，他才有了知觉，暖和过来。

为了求学，宋濂住在旅馆之中，一天只吃两顿饭，什么新鲜的菜、美味的鱼肉都没有，生活十分艰辛。和他一起学习的同学们一个个华服绮丽。但是宋濂不认为那是什么快乐，丝毫也不羡慕他们，而是穿着自己朴素无华的衣服，不以为低人一等，不卑不亢，照样刻苦学习，因为学习中有许多足以让他快乐的东西，那就是知识。他根本没有把吃得不如人、住得不如人、穿得不如人这种表面上的苦当回事。正是宋濂能忍受穷苦，自得其乐，终成就一番事业。

成长是一个破茧而出的过程，美丽的蜕变中蕴涵着千回百折的磨砺，而正是这个不断战胜困难的过程，才使得我们的人生攀登到了新的高度。想要不再吃苦，那么你就要积极主动地去战胜苦难，严格要求自己，付出艰苦努力，是获得成功的关键。蜜蜂辛苦劳作，最终酿造出香甜的蜂蜜。在个人成长的道路上，我们取得的每一次进步都有赖于艰苦的奋斗和拼搏。

第01章
不逼自己一把，你不会知道自己有多优秀

真正的强者，不给自己留退路

有句话说得好："不逼自己一把，你永远不知道自己有多优秀。"是的，有时候我们就是对自己太过纵容，得过且过，因而无法发挥出自己的潜能，在很多难题的处理上也丧失了自己优秀的处理能力。每个人都有潜能，一个人的潜能靠激发才能挖掘出来；一个人的成长，必须要通过磨炼，才能活出自己。一个人如果不逼自己一把，永远都不知道自己有多能干。所以说，不要总是为自己的不努力找借口，在困难面前也不要为自己的怯懦找退路。做一个强者就要敢于突破自己，对自己狠一点，这样你才能更加优秀。

曾经有一位年轻人，从小家里就非常贫困，迫于生活的压力，十几岁的时候他就不得不到处推销保险。在他工作的第一天，他就只身一人去跑客户，当他走到一座大楼面前时，抬头看着这高耸的大楼，环顾这人来人往的道路，他真的是非常紧张，也是非常害怕。可是，这时他想起了自己的座右铭："如果你做了，没有损失，还可能有大收获，那就下手去做。马上就做！全力以赴！"

生活困窘的他逼迫自己走进了大楼，尽管他很害怕会被人踢出来，但这样的事情没有发生。

每当他踏进一所办公室的时候，他都用自己的座右铭来激励自己，为自己加油打气。不管自己多么紧张，他都逼迫自己

要坦然去面对，因为他要生活，他知道自己没有退路。

第一天，他卖出了2份保险。虽然还不算太成功，但在了解客户需求和工作方式方面，他收获颇丰。

第二天，他卖出了4份，第三天增加到6份……从此之后，他终于找到了自己的方法，他在一步步走向成功！在他看来，一个人只要逼自己一把，不要逃避，那么再大的困难也会克服，马上进行，全力以赴，你就能成功！

这个年轻人就是美国著名的推销大师克里蒙·史东。

朋友们，我们不要无视自己的能力，其实我们每一个人都是很棒的，只不过有的人付出了行动来证明自己，而有的人在困难面前不知所措罢了。其实，古时候作战，经常用的一个计策是"置之死地而后生"：将士兵们引入没有退路的绝境，促使他们竭尽全力，勇往直前，直至打败敌军赢得胜利。这就是为了不给自己找退路，要想活着，就必须豁出一切逼迫自己向前冲。破釜沉舟的故事说的正是这一点。

秦朝末年，赵王赵歇的军队被秦军大将章邯围攻，在巨鹿陷入秦军的包围，危在旦夕。当时，楚怀王任命宋义为上将军，项羽为副将军，前去救援赵国。

宋义本是一个胆小无能、自私自利之人，他用花言巧语迷惑楚怀王，取得了楚怀王的信任，并获得了上将军的职位，但是，真正到了战场上，他却非常害怕和秦军交锋。于是，在将士们一个个摩拳擦掌、准备与秦军拼杀时，宋义只是躲在帐中饮酒作乐，迟迟不下令进攻。

项羽多次劝说无果后，忍无可忍，冲进帐中杀了宋义，并说他叛国反楚。之后，楚军众将士便顺势拥立项羽为上将军。

之后，项羽带领军队，全军出发，前往巨鹿为赵国解围。在全军渡过黄河之后，项羽命令士兵每人带上3天口粮，然后砸碎了军中全部的锅。命令下达后，将士们都愣住了。项羽说道："没有了锅，我们就可以轻装上阵，以最快的速度去解救危在旦夕的盟军。至于吃饭的问题，等我们打过去，再到章邯的军中去取锅做饭吧！"

之后，大军又渡过了漳河，项羽又命令将士们将所有的渡船都砸破，沉入河中，同时还烧掉了所有的行军帐篷。

将士们一看，所有的退路都没有了，打赢了便能够带着荣耀活着回来，而打输了便只有死路一条了。于是，所有将士都奋勇向前，以一当十，与秦军展开了厮杀。在战场上，杀声震天，楚军将士越打越猛，直杀得战场上血流成河。最后，经过多次交锋，楚军终于大败秦军，赢得了这场著名的以少胜多战役，也正是这场战役奠定了项羽日后的霸主地位。

逼自己一把，你就能看出自己有多优秀；逼自己一把，你才能不会总给自己找退路。朋友们，如果遇到困难，我们不要总想着逃避，说不定向前走一步就能找到解决问题的方法。不要太宠着自己，因为你会把自己惯坏的。多一点磨炼，才能多一点成长；多一点努力，才能多一点成就。

做好每件小事，你就成功了

"天下难事，必作于易；天下大事，必作于细。"这句话出自老子《道德经》第六十三章，意思是说天下的难事都是从容易的时候发展起来的，天下的大事都是从细小的地方一步步做成的。因此，可以看出，想要有所作为就不能小觑了小事的影响力，尽力做好每一件小事才能让自己的努力引起质的变化。

或许有些人觉得芝麻小事没什么实际意义，也不可能会影响大局，更不会升级到成就一番事业的地步。所以，他们总是好高骛远，极易在前进的道路上迷失自己，被一些他们所谓的小事情绊住脚。事实上，任何一件事情要想做得完美，其中都以一些小事作为基础的；而任何一个问题的解决，都有一件决定性的小事在其中起着举足轻重的作用。

陈蕃生于东汉时期，从小他就是一个心怀大志的人，总是想着有朝一日成就一番事业。在他看来自己就不是一个普通人，所以他总是给人留下心高气傲的印象。一天，他的朋友薛勤来访，见他住的屋子又脏又乱，便问他说："你这小子，平时家里脏些也就罢了，现在你家里来客人了，你怎么也不把屋子打扫干净以显示你的待客之道啊？"陈蕃答道："我是顶天立地的男子汉，我要干的是一番大事业，我是一个心怀天下的人，这种小事我是不会做的。"薛勤当即反问道："一间屋子你都治理不了，怎么治理天下呢？"陈蕃无言以对。

很多人总是自命不凡，感觉自己是天生的战略家，觉得自己是指点江山的大人物，所以从不把所谓的小事放在眼里。可是他们却不明白能够认真做好每件小事、讲究精益求精的人才有可能成功的。很多伟人的成功总是离不开点滴小事的积累，他们涉猎广泛，在生活中不断学习，才在合适的契机产生质的变化，成就自己的一番伟业。因此，我们应该改掉急功近利、心浮气躁的毛病，认认真真地做好每一件小事。

浩珉和志林是大学同学，他们学习的是计算机专业，在大学毕业之后，两个人都被聘到了同一家公司上班。初次走出校园的两个人感觉一切都充满着激情，决心好好努力，在工作中努力拼搏，闯出自己的一片天地，实现自己的人生价值。可是事情没有他们想象得那么美好，浩珉和志林都被安排做一些琐碎而单调的工作，每天早上打扫卫生，中午预订盒饭，帮同事复印资料，接收传真等。还没过试用期，志林感到受到了侮辱，不甘心在这里做这些没前途的工作，便辞职不干了。志林想让浩珉和自己一起走，志林说："我们难道就在这里受他们侮辱吗？我们是大学生，怀着满心的希望与激情来这里想大展拳脚，可是他们怎么对待我们的，整天把我们当作打杂的，我实在受不了这种委屈，我要辞职离开了，去一个能让我好好发挥自己能力的地方。"可是浩珉却不这样认为，在浩珉看来，公司这样安排肯定是有道理的，做这些看似琐碎的工作能让他很快和公司的同事熟络起来，为以后的工作做准备。

这样过了两个月，有一次，公司召开全体会议，在会议结束的时候，经理把浩珉叫到办公室跟他谈心，说了一些工作上的事情之后，经理问道："浩珉，为什么当初你没有和志林一起离开呢？"浩珉说："从小母亲就告诉我，无论做什么事都不能马马虎虎，不放在心上，否则，什么事情都不可能做好。"

听到浩珉的回答，经理满意地点点头说："其实我明白，你们刚刚毕业，心高气傲，可是这正是对你们的一个考验，因为我们觉得一个脚踏实地工作的人是必须要懂得做好基本的事情，如果连最基本的事情都做不好，更不可能把大事做好了。恭喜你！通过了公司的考察。"

第二天，公司便正式安排浩珉去做一些有关计算机方面的工作。

可是志林呢？一直流连于各大招聘会，因为没有任何一家公司会把重要的任务交给新来的员工。每个公司都会有一个考察的过程，很可惜，志林没有通过考察，他总认为自己是做大事情的人，每次工作不到一个月就离职。

如果小事你都做不好，那还怎么开口说自己是做大事的人？任何成功都需要有良好的基础，就像是盖高楼一般，没有那一砖一瓦的积累，哪来一座座高耸入云的摩天大厦？总之，把每一件简单的小事做好是成就大事的基础，要想在工作中取得优异的成绩，就需要沉下心来，用心做好每一件小事，不能抱有敷衍了事、挑三拣四的态度。

第02章
CHAPTER 02

用心经营你的人脉圈，关键时刻好成事

朋友圈子的大小对一个人的见识与成就有着很大的影响，很多时候你的人际关系能够决定你的未来。一个人的眼光如果看得足够长远，那么他就懂得去建立好自己强大的人际关系，并且不断去拓展延伸，寻找更有利的资源。人脉广虽然是好事，但也不能为利益去随便交友，交友要真心实意，不要戴着有色眼镜去看人，交友与身份无关。

多结善缘，多交益友

做学问有句话叫作"书到用时方恨少"，意思是说我们平时应当勤学好问，努力学习，多去增长知识，这样等到真正用到知识的时候，才不会手忙脚乱地去翻书。交友不也是这个道理吗？平日里不与人产生交集，别人有事情需要帮忙也不懂得伸出援手，一个人独来独往，那么当你有需要找人帮忙的时候，真的是不知道找谁了。所以说，平日里我们还是要学会与人为善，真诚待人，多交几个朋友，因为我们都听过一句话，"朋友多了路好走"。

一个人到天堂和地狱参观，他发现一个奇怪的现象：天堂和地狱里的人都坐在同样的桌子上，用着同样的餐具，吃着同样的饭菜，但是，天堂里的人满面红光，精神愉快，而地狱里的人却面容憔悴，精神萎靡。

这是什么原因呢？后来，这个人无意中发现，天堂和地狱里的人用来吃饭的餐具都是两米长的勺子：地狱里的人用勺子盛了丰盛的饭菜给自己吃，但是，由于勺子柄太长，怎么也吃不到勺子里的饭菜；而天堂里的人呢？他们舀起饭菜不是给自己吃，而是给别人吃，这样，每个人都吃得红光满面。

原来，天堂和地狱的区别就在于人与人之间是不是互相帮助。天堂里的人个个懂得为他人着想，生活过得非常美好；而地狱里的人，个个非常自私，只想到自己，结果过得非常凄惨。

地狱里的人不懂得帮助别人，到最后只能落下个活活饿死的下场，而天堂里的人懂得利人利己的道理，所以生活过得非常舒心。如果你自私自利只想着自己，不懂得对他人伸出援助之手，那么到你需要帮助的时候，你就会明白你的处境会是怎样了。

杰克是从父亲的手中接过这家食品店的，这是一家古老的食品店，很早以前在镇上就很出名了。杰克希望它在自己的手中能够发展得更加壮大。

一天晚上，杰克在店里收拾货物清点账款，第二天他将和妻子一起去度假。他打算早早地关上店门，以便为外出度假做准备。突然，他看到店门外站着一个面黄肌瘦的年轻人，他衣衫褴褛，双眼深陷，一看就知道是一个流浪汉。

杰克是个热心肠的人。他走了出去，对那个年轻人说道："小伙子，有什么需要帮忙的吗？"

年轻人略带点腼腆地问道："这里是杰克食品店吗？"他说话时带着浓重的墨西哥口音。"是的。"杰克回答道。

年轻人更加腼腆了，他低着头，小声地说道："我是从墨西哥来找工作的，可是整整两个月了，我仍然没有找到一份合适的工作。我父亲年轻时也来过美国，他告诉我，他在你的店里买过东西，看，就是这顶帽子。"

杰克看见小伙子的头上果然戴着一顶十分破旧的帽子，那个被污渍弄得模模糊糊的"大"字形符号正是他店里的标记。"我现在没有钱回家了，也好久没有吃过一顿饱餐了。我想……"年轻人继续说道。

杰克知道了眼前站着的人只不过是多年前一个顾客的儿子，但是他觉得自己应该帮助这个年轻人。于是，他把年轻人请进了店内，好好地让他饱餐了一顿，并且还给了他一笔路费，让他回国。

不久，杰克便将此事淡忘了。过了十几年，杰克的食品店生意越来越兴旺，在美国开了许多家分店，于是他决定向海外扩展，可是由于他在海外没有根基，要想从头发展也是很困难的。为此，杰克一直犹豫不决。

正在这时，他突然收到一位陌生人从墨西哥寄来的一封信，原来写信人正是多年前他曾经帮助过的那个流浪青年。

此时那个年轻人已经成了墨西哥一家大公司的总经理，他在信中邀请杰克来墨西哥发展，与他共创事业。这对于杰克来说真是喜出望外，有了那位年轻人的帮助，杰克很快在墨西哥建立了他的连锁店，而且经营发展得很迅速。

人脉的建立有时候真的挺简单的，人心换人心，你用心去对待他人，有时候哪怕是一个小小的帮助，说不定就会在你困难的时候回馈给你一个大大的"拥抱"。爱心多一点，也许你帮的不是别人，而是你自己。

这个社会处处充满着竞争，但也处处充满着合作，做人做事，这两个方面不可缺失一方，合理把握好竞争与合作的利害关系，你才能更好地经营好自己的未来。没有人愿意成为一座孤岛！当你不愿意分享、帮助、成就别人的时候，你就会慢慢地变成一座孤岛。单凭自己的能力是很难高飞、翱翔。每个人都需要别人的帮助，发展才能有更大的空间。

心眼明亮，远离损友

孔子曾经说过："益者三友，损者三友。友直，友谅，友多闻，益矣；友便辟，友善柔，友便佞，损矣。"这句话的讲的是，在朋友当中会有三种对自己有益的朋友，有三种对自己有害的朋友。三种有益的朋友是为人正直，诚实守信，知识渊博；三种有害的朋友是口蜜腹剑，阿谀奉承，善于花言巧语。多交朋友是好事，但是不能乱交一些不靠谱的朋友。俗话说："近朱者赤，近墨者黑。"朋友对一个人的成长有着很重要的意义，好友能让你积极向上，有着带动自己前进的正能量；损友却容易把自己引入歧途，对一个人的成长是不利的。在心理学上，这种现象被称做"链状效应"，它是指人在成长过程中会受到周围人的影响，在不知不觉间被周围人同化。所以，我们要擦亮眼睛，认识其中利害关系，交友要谨慎。

下面这个故事将会告诉我们乱交朋友的危害：

住进戒毒所以后，娇娇的头脑才逐渐清醒，她终于认识到交友不慎的后果了。

曾经的娇娇热情开朗，可爱清纯，无论走到哪里总能交到贴心的朋友，好姐妹不计其数。其中一些好姐妹是在迪厅认识的。那天，娇娇跟着一个室友去迪厅体验生活。在那里，娇娇意外结识了一群活泼的女孩子，并被她们身上的叛逆劲儿深深吸引了。毕竟在这之前，娇娇从来都没有接触过这样的人，看着她们在迪厅里舞动身姿，跳得那么投入，娇娇真的是被她们迷住了。于是，她不顾室友的提醒，毅然地走进了她们的圈子。

在娇娇看来，和这些叛逆的女孩子交往也没什么不好。活得很潇洒，至于被她们带坏，那是不可能的事情，她相信自己是有原则的，只不过是想跟她们在一起寻开心罢了。就这样，娇娇经常参加她们的活动，和她们一起唱歌、逛街，甚至一起吃饭、睡觉。刚开始，听到她们说着粗野的话，她就在一边偷笑，觉得很好玩，渐渐地她就被传染了，也开始不自觉地说起脏话来，原本说话细声细气的她现在不亚于"高音喇叭"，她的这些变化让室友很吃惊，提醒她不要再和那些人来往，可是她哪里听得进去，还劝室友不要把人想得太坏。

终于有一天，娇娇受她们的诱惑开始吸毒了。刚开始，她只是觉得好奇，看着她们把白粉吸进去之后那舒服劲儿，她也忍不住想试试，谁知很快就上瘾了。从那以后她对毒品的依赖性越来越强，最后居然开始注射毒品，要不是及时被警方发现，送去戒毒所强制戒毒，她现在恐怕已经被毒品折磨得不成人形了。

娇娇的遭遇真让人痛心，因为交友不慎，一个好端端的女孩子居然走上了吸毒之路，断送了自己的大好前程。

如果结交的是益友，他们会将你带上违法犯罪的道路吗？所以说，我们交友一定要保持清醒，不要乱交一些乱七八糟的朋友，否则误入歧途，后果不堪设想。

交什么朋友，怎样交友，这是一个问题的两个方面。朋友有君子，有小人，交友也有君子之交和小人之交。君子之间的友谊平淡清纯，但真实亲密而能长久。小人的友谊浓烈甜蜜，但虚假多变，经不起时间的考验。好朋友是建立在互相理解、互相关心、互相帮助的基础上，彼此之间存在着为对方着想的真正感情，能够经得起时光的打磨，能够患难与共。小人之交是建立在私利的基础上，平时甜言蜜语，关键时刻背信弃义，甚至乘人之危，落井下石。所以在交友时一定要慎重，"亲君子，远小人"。

良好的人际关系，引领你创造美好未来

"朋友多了路好走"，多一个朋友，你就会多一条出路，相信很多人在生活中深深切切地体会到了这一点。好的人缘能积累一定的人脉，对一个人的未来发展有着很重要的作用。谈及朋友，我们一般会想到同学、老乡、同事、朋友的朋友……人都是群居动物，想要在社会上生活得更好，肯定离不开朋友的帮助。如果事情想要办得顺利，就必须要有好人缘。人缘好的人，在社会上的形象就好，社会评价也高，因此托人办事也容易得到理解、支持、信任和帮助。好人缘是人们不容忽视的潜在财富。没有丰富的人脉，无论做什么事都将举步维艰。换句话说，你的人缘越好，朋友越多，你的力量也就越强大，所以说人缘是你能力的延伸。

强哥在当地商场上的名声还是挺响亮的，这几年生意做得更是风生水起。但是强哥有一个问题就是"心狠"，他做生意从不给人留余地，可以说是六亲不认，辣手无情。强哥信奉一句话，那就是"商场无父子"。久而久之，虽然强哥的生意做得不错，但是他也有缺憾，他没交下几个商场朋友不说，却得罪了不少生意伙伴。强哥经营的玩具厂所生产的大小型玩具大部分都是内销，因此他总是不择手段地排挤对手，抢占市场份额，有四家小玩具厂就曾吃过他的亏。更恶劣的是，强哥总是喜欢落井下石，当众嘲弄弱于他的竞争对手："看看你们

一个个小小的厂子，如果不会经营，做不下去就趁早关门大吉吧！……"强哥的朋友李哥曾劝他说："强哥，不能做得太过分。大家还是不要撕破脸好好相处得好，都是生意人何必这样说话招惹是非呢？"强哥却不愿听朋友的意见，"那又怎样啊？我敢说就不怕得罪他们！再说了他们也真是不自量力，还敢跟我抢市场！"一段时间后，强哥的仓库因为值班人员乱扔烟头着了火，十万余件玩具付之一炬。大小客户纷纷上门催讨货物，强哥想从其他玩具厂借一批应急，叫由于平时关系弄得太僵，根本没有人肯借给他；如果紧急生产的话，也没有材料，知道他出事之后，那些供应商根本没有人愿意帮助他，其实也主要是由于平日里他把人都得罪了，这一出事，别人正好幸灾乐祸。最后实在没办法了，强哥只好变卖房产赔付高额的违约金，手下的员工也跟着一个个地离职，看着自己最后惨败的场景，强哥抱头沉思了好久。

从案例中我们可以看出，强哥根本不注重结交好友，人缘差，人际关系不好，所以说到了危急时刻，只能唉声叹气、孤立无援了。你不可能时时得意，所以得意的时候也不要骄傲自大、目中无人，其实，给别人面了就是给自己面子，给别人一个机会也就是为自己创造一个机会，我们何必逼人太甚？最终只能害了自己罢了。所以说，人脉对于推动我们事业的发展是非常重要的，我们无论做什么事都要注意培养人脉，即便是在竞争激烈的生意场上也要如此。

小景和阿亮是大学同学，大学毕业后他们同时被一家公司录用，随之两人的关系就从同学变成了同事。论才干，小景和阿亮可以说是不分上下，但阿亮嘴甜、活络、会来事儿，小景却有点木讷。就是这一点差别，让两人的地位很快发生了变化。刚进单位时，林经理就对他们说："有些事情我要跟你们说明白，你们只能通过自己的本事来取得成绩，获得晋升，歪门邪道是绝对行不通的！"小景和阿亮一直都挺能干的，试用阶段的工作完成得都很不错，林经理还特意表扬了他们一番。一段时间后，阿亮已经不是刚进公司时的那个阿亮了，他成了办公室里的大红人：公司里谁的电脑出现异常谁就招呼阿亮帮忙；中午吃饭时间到了，他们也招呼阿亮一起聚餐；打球的时候，他们也约着阿亮；同事家的孩子需要辅导功课，阿亮也主动提出帮忙；林经理喜欢瓷器，他就托人从老家带来他们那里的陶瓷精品送给林经理……就这样，单位里每个人都夸阿亮好，林经理也觉得阿亮工作成绩好，才能出众，又不浮躁，作为年轻人，实在很难得。一年之后，林经理就给阿亮升了职，结果不但没有人非议，大家还都夸林经理是伯乐，慧眼识珠，像阿亮这么优秀的年轻人早该提拔了，从此林经理更器重阿亮了。小景呢？他一直默不作声，别人有什么事情他也不主动帮忙，平日里也不喜欢跟大家谈心说话，所以慢慢地他好像就淡出了人们的视野。尽管小景的能力也很不错，但因为人缘太差，他很难得到让自己充分发挥才能的机会。

第 02 章
用心经营你的人脉圈，关键时刻好成事

人脉不是金钱，但它却是一种无形的资产；人脉不是珠宝，但它却是一笔潜在的财富。一个人所拥有的人脉资源越丰富，他所蕴含的能量就越大。卡耐基曾经说过："一个人事业的成功，只有15%是基于他的专业技能，另外的85%则取决于他的人际关系。"任何时候你都要明白这样一个道理：成功的事业和好人脉是分不开的，能够积极拓宽人际关系的人，才能幸运地获得成功。

提升自我，好形象才有好人缘

有人说："形象如同天气一样，无论是好是坏，别人都能注意到，但却没有人告诉你。"我们在平常的生活与交往中一个简简单单的动作、神情、外貌形象都能给人传递出一种精神状态，给他人留下一定的印象。有时候，一个形象是一个人内在气质的反应，良好的形象有助于增进人际关系，营造和谐气氛，令你在人际交往中左右逢源，无往不利，从而促进你的成功。所以说，我们要懂得树立自己的良好形象，不仅要注意自己的外在形象，更要注重内在气质和心态的培养，做一个充满形象魅力的人。

英国BBC电视台曾经播放过这样一个节目，有一个心理学家，为了证明一个人的外在形象对个人生活的巨大影响，选择了一组陌生人，进行了一次有趣的实验。

实验在一家咖啡馆里展开，心理学家在宽敞的咖啡馆里仅仅放了三张桌子，每张桌子前仅安排一个人。这三个人形象和性格大相径庭：第一位，是一名心态乐观、干净利落、热爱生活的中年男子，他的胡子剃得干干净净，衣服整齐洁净，身上还散发着淡淡的男士香水的味道；第二位，外表英俊潇洒，但性格忧郁腼腆，总喜欢皱着眉头，没精打采，虽然年轻，却毫无活力；第三位，不喜言谈，只对专业知识感兴趣的秃顶老教授。

心理学家在这三个人面前，各放了一杯咖啡，并让他们各自拿着当日相同的报纸，坐在桌子前低头看。在实验中，站在吧台后的心理学家看到了非常有趣的景象。在一上午的时间里，咖啡馆里先后走进了六名顾客，这六名顾客在购买了咖啡之后，对于究竟坐在哪张桌子前喝咖啡，做出了大体一致的选择。六名顾客中，只有一名顾客坐在了老教授旁边，其余五名顾客都坐在了那位积极热情、浑身散发着淡淡的男士香水的味道的中年男子身旁，其中，还有两名顾客主动与他攀谈。

实验结束后，心理学家分别对六名顾客进行了调查，发现他们之所以选择坐在这位干净利落的中年男子身边，就是因为他让人"看起来很舒服"。心理学家紧接着对这三位测试对象进行了调查，他竟然发现，中年男子的确是一个非常幸运的人，他热爱生活，积极乐观，工作顺利，经常和朋友们一起购买体育彩票,偶尔还会中奖。而那个忧郁的小伙子,因缺乏自信,工作不算顺利,个人情感更是一塌糊涂。而那个只对专业知识感兴趣的老教授,平时就很少与人接触,缺少与人沟通的经验。

看完这个实验,我们应该明白一个人拥有良好的形象是多么重要,你由内而外散发的气质能够给人带来一定的舒适感,而这将会使你在人际交往中受益。

红顶商人胡雪岩有一次面临生意上一个很大的危机。他在上海新开的商行遭到当地商人的联合挤兑,不久就波及了大本营杭州。一些大客户生怕胡雪岩垮台,闻风而动,准备中止和他的生意往来。

这天胡雪岩从上海回来了,他们悄悄躲在暗处观察,想着会看到胡雪岩灰头土脸的样子。结果他们失望了,他们看到了一个衣着鲜亮、精神抖擞的胡雪岩。

他们还不放心,又跟踪胡雪岩到他的商行去。他们认为胡雪岩会暂停生意进行整顿。可是胡雪岩的商行不仅没有关闭,而且他还亲自坐镇,在柜台上悠闲自得地喝起茶来。这一下子让他们糊涂了,一个人遭受这么大的打击,竟然还能够如此镇定从容?最终,胡雪岩的气度征服了他们,他们又对胡雪岩恢复了信心。

其实,当时胡雪岩的处境已是山穷水尽,就是凭他那从容镇定的好形象,才稳住了糟糕的局面。

总之，形象在社交生活和个人事业中都起着至关重要的作用。我们每个人都应该树立自己的形象意识，从一点一滴做起，逐步树立自己的良好形象，并充分运用形象这个好武器去开拓和创造自己辉煌的事业和完美的人生。

真正的知己，不牵涉利益

在这个时代里，人们都知道人际关系的重要性，但遗憾的是，当整个社会都在谈人际关系的时候，反而没有真正的人际关系可言。因为我们只是把人际交往当成了工作，与感情无关，很多交际俨然成了利益的需要。倘若没有了利益，似乎交际也没有多大意义了。

培根说过："虚伪的友谊就像你的影子，当你在阳光下时，它紧紧跟随；一旦你走进黑暗时，它立刻摆脱你！"人一生中会遇到很多朋友，但并不是每一个人都会成为你的挚友，那么什么是真正的朋友呢？一个好朋友，当看到对方的错误时，会真诚地指出；当朋友遇到好事时，会真心地感到高兴；当朋友遭受痛苦的时候，会守在朋友的身边，鼓励他、支持他。这才是真心相待的朋友。

陈琪琪毕业以后在社会上发展得不错，如今已经是公司的经理。多年来，陈琪琪接触的大都是事业有成甚至小有名气的客户群体。正常来讲，身处如此成功的大环境，有着实力较为雄厚的人际圈子，她的生活应该是更为舒适。

可是现实却与人们想象的有所不同。

这些年来，陈琪琪的名片夹子里已经装满了各个合作伙伴、客户的名片，就连自己的手机和电脑里也是好多的联系方式。不管是在平日的聚会还是其他商务伙伴的交际活动中，陈琪琪的应酬都是得心应手。看似热闹但背后的孤独也许只有陈琪琪自己才知道。除了工作上的联系，陈琪琪在这座城市里的朋友并不多，平日里都在忙于商场上的社交，自己根本没时间去联系之前的朋友、同学，因此长时间下来她和之前的好闺蜜们也是渐渐疏远，甚至找男朋友都是一个难题。有时候生活上有什么需要，看着手机里的联系人，陈琪琪感觉到非常无助，已经到了不知道联系谁的地步。遇到困难想找个闺蜜谈谈心，可是自己因为忙已经好久没有联系了，所以也不好意思给她们打电话。每周约会很多人，但没有一个是可以说话的知心朋友。每天都会认识很多新的人，但绝大部分只是一面之缘，下次有事需要联系的时候跟陌生人没什么两样。渐渐地，陈琪琪觉得自己的生活除了商场上的利益朋友，已经没什么可以说得来的人了，对此她感觉非常苦闷。

朋友是我们一生中最重要的伙伴，他们是我们生活中的良师益友，是我们事业中的坚强后盾，总是在我们最需要帮助的时候挺身而出。但是，复杂的社会已经让这种真挚的友情渐渐地消失了。不管你多忙，都不要忘了朋友，疏远了朋友。如果你身边还有一些不为自己利益、真心对待你的朋友，请好好珍惜他们，因为他们就是你人生最大的财富。

有段时间，任文文忙得焦头烂额，一方面公司最近的任务比较紧张，自己整天都要费心地盯着。此外，任文文的孩子生病刚好，也需要自己好好照顾。任文文每天下班后，还要做一家人的饭菜。为了能按时下班，任文文上班时总是抓紧时间，把能忙完的都尽快忙完，有时候连喝口水都要等有空才行。

由于压力大，任文文的情绪也变得容易激动，有时候和她丈夫李成才说上几句，就开始争吵，吵着吵着，小吵变成了大吵，两人说话也变得肆无忌惮起来。有一次吵架时，任文文甚至一怒之下提出离婚，李成也毫不犹豫地回应她说："无所谓，我还受够了呢！抓紧离！"说完李成就冲出了家门，去找自己的朋友了。

任文文一人在家照顾孩子，想到李成居然那么爽快就同意离婚，她感到一股怒气在心里无法排解出去，但又怕自己发脾气会吓到孩子，于是拨通了好朋友丽丽的电话。在电话里，任文文向丽丽叙述了自己和李成吵架的经过，又向丽丽倾诉了自己最近遇到的压力和烦恼。丽丽善解人意地听完任文文的述说，又对她进行了一番劝慰。结束通话后，文文心里的怒气消减了许多。再仔细回想一下，她发现自己之所以会和李成吵架，很大一部分原因出在自己身上，于是主动给李成打了一个电话,为自己的言行道歉。李成没想到老婆会主动跟自己道歉,很感动,于是也在电话里检讨了一番,并当晚就回家了。

古人有一句名言:"人生得一知己足矣。知己者,真朋友也。"人在社会生活中不能没有朋友,最难得的是推心置腹、可以生死相托的知心朋友。假如一个人连个说知心话的朋友都没有,那么这个人真的是太孤单了,他的生活也一定是很糟糕。就像案例中,如果任文文没有一个真心朋友,她的委屈就没有人倾诉,也不会被安慰。和丽丽交谈之后,任文文的心情好了许多,也想开了许多,因此一场离婚的闹剧得以挽回。

如果抱着做戏的心态,那么根本就不可能交到真朋友。因为这个世界上的人,都是你怎么对他,他就会怎么对你。你付出什么,必将收获什么。所以,如果想要维系一段友谊,那就用心交友,以心换心,不要图谋他人什么,也不要伤害自己的知心朋友。如果你的身边有真心待你的好友,那就牢牢地维系住这段情谊吧!

第03章
CHAPTER 03

千磨万击还坚劲，经得住打磨的人生才会赢

"宝剑锋从磨砺出，梅花香自苦寒来"，人必须要经历一定的打磨才能磨炼出坚毅的品质，才能走向人生的辉煌。正如珍珠，它原本只是一粒沙子，人们看到的是它的晶莹与美丽，但是没有看到它大放光彩之前自我磨炼的孤寂。想要出类拔萃，你就要承受住成功之前的寂寞，就要用自己平和的心态来面对当下的困苦，不要让任何事情成为你放纵自己的理由，我们要记住：再艰难的人生，也不能磨灭自己的志向。

主动接受历练,人生才会赢

"不想当将军的士兵,不是好士兵。"这是拿破仑说过的一句名言,相信大家都非常熟悉。这句话写出了一个人想要成功的野心,野心也就是雄心。我们要知道世上成功者大都是因为自己有一颗"想当将军"的野心而最终达成目标的。有野心就要敢于去拼搏,不断地打磨自己,才能有朝一日发出自己耀眼的光芒。珍珠,原本只是一粒沙子,它的存在不正好验证了这个道理吗?正如歌曲中唱的:"三分天注定,七分靠打拼,爱拼才会赢。"古今中外,许多成功者都是经过拼搏而成就其伟业的,在他们的背后,我们看到的是汗水,是奋斗,是拼搏。

《与生灵共舞》中有这样一个片段:

在云南的热带雨林里,曾经生存着一群大象,这群大象生活在一片荒原中,无忧无虑,无争无斗,安睦和乐,幸福无比。可是世事难料,有一天,病魔突然降临到这个象群中,并打破了它们无忧无虑的生活。

病魔是可怕的,也是无法躲避的,在经过一番挣扎之后,这群大象中的绝大部分成员挣脱了病魔的纠缠。可是却有一只小象由于抵抗力比较差,一直没有恢复过来,眼看要撑不住而倒下。

然而,大象是不能倒下的,一旦倒下,就会因为巨大的内脏之间的压迫而损伤自己,严重的时候甚至会置自己于死地。

于是,就在小象即将倒下的那一刻,大象出现了。它们两个一组轮流用自己的身体夹住小象的身体,支撑住这虚弱但珍贵的生命,它们用自己的血肉之躯与命运抗争。终于,奇迹发生了,在大象群体的呵护下,小象慢慢恢复了元气,终于病愈。

看到这个故事,我们会有很大的心灵触动,我们感慨于这期间伟大的爱,我们更感慨于这期间敢于战胜命运的精神。面临生死,面临困境,如果自己倒下了,如果自己丧失了生活下去的信念,那么一切将会结束。倘若你挣扎一下,奋力拼搏,支撑起自己活下去的信念,那么当你重新站起来的那一刻,你才会更明白生存的意义。

朋友们,人生就是一场搏斗。敢于拼搏的人,才能成为命运的主人,否则你只能被命运牵着鼻子走。车尔尼雪夫斯基曾说过:"历史的道路不是涅瓦大街上的人行道,它完全是在田野中前进的,有时穿过尘埃,有时穿过泥泞,有时横渡沼泽,有时行经丛林。"我们的人生不可能总是风平浪静的,人们总会经历到一些狂风暴雨的时刻。所以我们要想稳稳地站住,就应该不断地打磨自己,敢于拼搏,永不放弃,永远记住:爱拼才会赢。

即将成功，别功亏一篑

牛顿说过："胜利者往往是从坚持最后5分钟的时间中得来的成功。"世间最容易的事常常也是最难做的事，最难做的事也是最容易做的事。很多人最怕的就是那种没有成功之前痛苦的折磨，最终半途而废。都说"黎明前是最黑暗的"，其实在成功之前也是最寂寞的。只有你耐得住成功之前的寂寞，静静地品味此时的滋味，才能跨越成功所必须经历的障碍。

上课铃响了，刘老师走进了五年级二班的教室，这节课的内容是讲关于如何获得成功的。他告诉学生，要想获得成功，很重要的一点就是愿意为目标一而再、再而三地不断努力。

"重复真的是一件令人烦恼的事情！"李林说道。

"是呀，如果老是受挫，我会很灰心。"张涵说。

"同学们，"刘老师回答，"半途而废终究一事无成，而且你还会失去很多锻炼自己的机会，成功更是遥遥无期。还记得发明电灯泡的爱迪生吗？据说他尝试了一千多次才获得了最后的成功。你们试想一下，如果他在尝试了50次、500次甚至800次之后，因为厌烦或灰心而放弃了，世界将会变成什么样？"

"看来我应该在体育课上继续练习投篮。"李林说。

"没错。"张涵说,"我也要继续努力,把字写得漂亮一点。"

"说得很好!"刘老师说,"如果一开始你失败了,那就继续努力,再接再厉。灰心丧气,放弃认输,就意味着你肯定无法实现目标,但继续努力则表示你又多了一次成功的机会。当你最后成功的时候——哪怕之前你失败了1000次——你也会对自己充满信心,这不只是因为你获得了成功,还因为你拥有了一种锲而不舍、永不放弃的精神。"

成功,说起来容易做起来难,因为成功之前需要经历很多的磨难和失败,许多人之所以做事情以失败告终,主要原因就是在成功之前因承受不住磨难而倒下,既然倒下"认命",那么何谈成功呢?就像刘老师说的"要想获得成功,很重要的一点就是愿意为目标一而再、再而三地不断努力",你必须承受住成功之前的寂寞和痛苦,否则你也享受成功时的荣耀。

太阳神阿波罗和掌管文艺的缪斯女神卡利俄帕的儿子俄耳甫斯有一副优美的歌喉和一把漂亮的七弦琴,他的弹唱能使岩石落泪,使流水止步。

俄耳甫斯娶了一位美丽的仙女,叫欧律狄克,他们生活得幸福美满。可惜好景不长,妻子在林中游玩时,不幸被毒蛇咬伤而死。

俄耳甫斯悲痛欲绝。于是他下到地府,决心把妻子救回来。他拨动着七弦琴，借助歌声向冥王倾诉自己对妻子至死不渝的爱情。备受感动的冥王终于同意让他携妻子重返人间，但条件是他在走出地府之前，都不能畏惧艰险和为情所动，更不能回头看妻子一眼。

俄耳甫斯高兴地答应了这个条件，随即带着自己心爱的人踏上了重返人间的道路。他和妻子二人历尽艰辛，终于到达了只要再跨上一步就可重返人间的关口。

这时，颇为得意的俄耳甫斯竟然忘记了冥王的告诫，深情地回眸了一眼妻子，欧律狄克因此顷刻间便魂飞魄散，只匆匆留下了一句："永别了，亲爱的！"

俄耳甫斯从此郁郁寡欢，四年之后依旧孑然一身。期间无数美女向他求爱，都被他婉言谢绝了。因爱生恨的美女们于是在一次聚会上杀死了他，并将尸体撕成碎块，扔进了波涛汹涌的希伯伦河中。

后来，此事为天神宙斯所知。宙斯怜悯俄耳甫斯这位天才歌手的惨死，于是将俄耳甫斯最心爱的那把七弦琴置于星空中，变成了我们现在所看到的天琴座。

俄耳甫斯缺乏一步的坚持，就被成功的大门远远地拒之门外，这是一个多大的遗憾啊！朋友们，我们在前行的道路上会经历很多的事情，但是我们应该明白如果半途而废，那么前面所做的一切都将会前功尽弃，所以说不论何时都不要被挫折打败，要做一个经得起打磨的人。正所谓"行百里者半九十"，越接近终点就越难走好。这就告诫我们,做事情要持之以恒,善始善终,愈接近成功时就愈要认真对待。

你管不住自己,又怎能征服他人

自制力是一个人约束自己的能力。它能帮助人们控制、调节自己的行为和情绪,激励自己去做合理的事情,抑制不合理的情绪和行为等。良好的自制力是一种集忍耐、坚毅、勇敢和智慧为一体的良好品格,猝然临之而不惊,无故加之而不怒,任狂风还是暴雨,我自岿然不动。有着良好的自制力,是一个人成功的必要条件。

李丽今年已经上初三了,此时的她面临着升学的压力,可以说是时间紧迫,学习也非常紧张。可是每天做功课时,李丽都管不住自己。刚开始的几道题她还可以认认真真地做,但没过半小时,她就坐不住了。李丽自己也觉得很苦恼,但她想管住自己却做不到,好像总有一种无形的力量支配她离开自己应该做的事。

其实,李丽的行为就是一种自制力差的表现。可是,她的这种较差的自制力是怎样形成的呢?原来,李丽是家中的独生女,父母把全部希望都寄托在她的身上,从很小的时候开始,父母就给李丽报了各种班。先是弹琴,后是画画、念英语、学算术。李丽学习的时候很用功,爸爸妈妈都十分高兴。看看女儿这样辛苦,妈妈很心疼,在李丽学习的时候经常会送来零食什么的。小孩子禁不住诱惑,时间长了,就养成了习惯,没有零食就不能把事做下去。因此,在李丽专心做事的时间不能长久,并且总是坐不住,注意力不集中,不能安心学习。长时间下来,李丽的成绩总是不理想,每当考试成绩出来时,李丽看到自己那可怜的成绩都很伤心,有时甚至会大哭一场,暗下决心一定要认真学习,但几天之后,就把自己的决心抛之脑后,还是控制不住自己。

其实,很多人在上学的时候经常遇到这种问题,自制力的严重缺乏导致自己心里乱糟糟的,不能集中注意力专心学习,长时间下来学习成绩直线下滑。古希腊数学家毕达哥拉斯说过:"自制是世界上最强大的力量和财富。"要想在自己从事的工作中有所成就,就必须培养自己的自制力。如果你无法专心投入进去,那么不管你做什么事情都只会是草草了事,什么也做不好。很多事实也证明了较强的自制力是成功的重要保证。

石油大亨保罗·盖蒂曾经是个大烟鬼。有一次,他开车出去旅游,突然天下起了雨,道路变得湿滑起来。盖蒂在大雨中开了几个小时的车后,决定在一个小城的旅馆过夜。因为雨实在太大,而且他确实也太累了,吃过晚饭后他便疲惫地进入了梦乡。凌晨两点,盖蒂醒来想要抽一根烟,却发现桌上的烟已经抽完了,他搜遍了大衣所有的口袋,翻遍了行李箱,还是一支烟都没找到。

凌晨两点的时候,这个小城里,不管是旅馆的餐厅还是路旁的酒吧都早已经关门歇业了,因此,如果他想要抽烟,就必须穿上衣服,冒着大雨走到几条街外的车站去买。而他的车则停在距离他所入住的旅馆很远的停车场里,走到停车场的距离比走到车站也近不了多少。

抽过烟的人都有过这样的经历,越是没有烟,就越想抽烟。当盖蒂将衣服穿好,伸手去拿雨衣的时候,他突然停住了。盖蒂想:我这是在干什么?我是一个自以为有足够聪明才智、足够自制力的人,是一个企业的掌舵人,是一个对别人下达命令的人,是一个被人视为成功的商人,而我竟然要在三更半夜,冒着大雨走出几条街,为的仅仅是买到一盒烟。这个欲望的力量竟然有这么强大?

于是,盖蒂将那个空烟盒扔进了纸篓,重新换上睡衣,回到了床上,带着解脱甚至是战胜自己的快感重新进入了梦乡。也是靠着自己强大的自制力,他永远地告别了香烟。

如果你管制不住自己的行为,那么你只能被他人管制。朋友们,有时候我们必须要学会对自己狠一点,这样才能更好地支配自己的人生。

自制力是一种善于控制自己的情绪、支配自己的行动的能力。自制力是培养气场的一个支撑点,寻找到这个支撑点,你的气场就会提升到一个新的水平。能够自我控制的人才能获得真正的自由和成功。要坚定自己的信念,不被任何外来力量所左右,沿着既定的目标,磨炼自己的自制力,相信你会更快地走上成功的道路。

不怕贫穷,就怕没有远大的志向

"穷且益坚,不坠青云之志"这句话来源于初唐诗人王勃的《滕王阁序》。"穷"并不是指"穷苦"的意思,在古文中象征着精神层面的意义,可以理解为"不得志,处境艰难、窘迫"。这句话主要是说"一个人处境越是艰难,就越是坚韧不拔,不丧失高远之志"。是的,人必须要有远大的志向,即便人生再艰难,也不能让自己在困顿中丧失意志,丢弃自己的志向。我们要谨记自己的使命,时刻记住自己的志向,时刻为自己的志向付出比常人更多的努力,最重要的是要坚持到底,最终才能实现自己的梦想。

孔子是我国著名的教育家,他在小时候就树立了救世为民的远大志向。他曾经担任过管理仓库的"委吏"和管理牧场牲畜的"乘田",在当时这些都是非常卑微的职业,但是为了实现自己的志向,孔子在这些普通而又卑微的职位上仍旧做出了成绩,后来他终于得到了鲁国权臣季氏的赏识,从此踏入了士大夫阶层。

后来，鲁国的君王让孔子代行国相的职务，参与国政的治理。孔子参与国政治理三个月的时间里就让鲁国发生了很大的变化，商人们不再哄抬市价，百姓们也恪守法律，社会秩序非常稳定。在这段时间里，孔子还做了两件大事：第一，他在齐国和鲁国两国国君会盟的时候，借助自己的口才和智慧使强大的齐国归还了鲁国的土地；第二，他下令拆除了鲁国三大权臣之中季氏和叔孙氏的城池，以此加强国君的权力。虽然孔子治理国家的时间非常短，但是他的"救世"思想得到了广泛的传播，而且效果非常显著。这其实就是孔子坚守自己志向的结果，如果他在担任卑微职务的时候就放弃了，那么后面的这些故事就不会发生。

此时的齐国看到了鲁国的发展变化，担心强大起来的鲁国对自己不利，于是就给鲁国的国君献了很多美女和歌妓以此来扰乱视听。鲁国的国君果然迷失了自己，不再关心朝政，孔子看到这之后，认为自己的思想无法在鲁国继续实行下去，于是就带着自己的学生以及救世的主张离开了鲁国，他希望得到其他诸侯的信任。

当时，各个诸侯国几乎由权臣或大氏族执政，他们都担心国君重用孔子而削弱了他们的权力，所以想极力加害孔子。孔子到卫国的时候，就有人带着官兵来威胁和恐吓他和他的弟子；孔子到宋国的时候，宋国的一些权臣也派人来暗杀他；孔子到楚国的时候，虽然得到了楚昭王的赏识，并且得到了700里的封地，但是却被令尹子西反对，孔子遭受了多次围攻，差点儿因此而丢掉了性命。

虽然在各国奔波的孔子遭受了很多挫折和打击，也受尽了众多的磨难，但是他一直坚持自己的志向，从来都没有改变过。曾经有一次，孔子在陈国和蔡国之间遭受了两国大夫的攻击，当时他和弟子已经很久没有吃到食物，已经没有一点儿力气了，很多学生因为饥饿而倒下了。可就算是面对这样的困境，孔子依然弹琴吟唱，毫无沮丧泄气的样子。弟子们看到屡遭挫折的老师仍旧如此乐观，对老师更加敬佩了，很多弟子说："我们的老师有这样远大的志向，就算现在不被人理解，但是他依旧坚持，还在不断努力，这才是真正君子的做法啊。"

有些逃避到山林中隐居的人自认为看穿了世态炎凉，就嘲笑孔子和他的救世思想。他们认为孔子是在做无用功，他的努力只会让他一次次碰壁。有人还去劝说孔子的弟子不要再跟着孔子做傻事，不如和他们一样退隐山林，然后等着太平盛世的到来。孔子对此非常不屑，他说："我们不要在山林中与鸟兽为伍，如果我们处于太平盛世，那么我们还要做什么呢？"

孔子在各国奔波的过程中经常寄人篱下，连一个落脚的地方也没有，处境非常艰难，等他到了齐国之后，齐景公准备赏赐他田宅，但是孔子却拒绝不接受，他对弟子说："齐景公并没有接受我的主张,现在赏赐给我田宅无非是可怜我,这种做法我怎么可能接受呢?"孔子一直将救世为民作为自己最高的志向,他的这种坚持一直没有改变过,他也并不追求荣华富贵。

后来孔子离开齐国之后,时隔十四年又回到了自己的家乡鲁国,因为没有诸侯国愿意接受自己的主张,所以他决定回到家乡从事教育事业。孔子打破了当时只有贵族子弟可以读书的传统,招收了很多平民弟子,并且认真培养他们。后来孔子的一些弟子得到了一些诸侯国的重用,他们贯彻了老师的思想,不断奋斗。

等到孔子离开人世之后,汉朝的儒士董仲舒继承并且改进了孔子的思想,从而得到了汉朝皇帝的认可,于是出现了"罢黜百家,独尊儒术"的局面。虽然孔子一生都没有实现自己的志向,但是他对志向的执着使得儒家思想得以发展和传承,从某种意义上来说,其实孔子已经实现了自己救世为民的志向。

能实现自己志向的人,对他个人而言,他是一个成功的人,也是一个幸福的人。心存远大志向是成功的必要条件,但是仅仅拥有志向,你不一定能获得成功。不过如果没有自己的志向,成功对你而言就无从谈起。生活中,能做到像孔子这样坚守志向,执着追求的人又有多少呢?不论前途多么渺茫,不论世事多么的艰难,心在路上,脚在路上,一路前行,就没有到不了的地方。

自我反省，弥补缺憾

著名的思想家曾子曾说过："吾日三省吾身，为人谋而不忠乎？与朋友交而不信乎？传不习乎？"从这句话我们可以明白一个道理，那就是学会反省。自我反省的能力是人们一种内在的人格智力，是认识自我、完善自我和不断进步的前提条件。具备自我反省能力的人，能正确看到自己的不足，随后能够心甘情愿地去不断完善自己，让自己变得更加优秀。

陈玉成再次失业了，到处应聘也没有找到一份合适的工作，心里十分烦恼。有一天晚上，他坐在自己的出租屋里沉思。想起自己的三个好朋友，张寒、李运和陈刚都混得比他好多了。张寒是工程师，李运是一名运营经理，陈刚在一家杂志社当主编，都是相当体面的工作，陈玉成扪心自问，自己并没有什么地方不如他们。经过长时间的反思，陈玉成终于明白了自己落后他人的原因，那就是性格上的差异。

一直到凌晨两点，陈玉成的头脑依然很清醒，他用自省的"镜子"观照自己，发现自己第一次看清了自己，认识到了自己过去的种种缺陷。一直以来，自己常常骄傲自大，而且做事情比较冲动，在工作上没有上进心，另外，自己的意志也不够坚定。然后，陈玉成下定决心，决定痛改前非，做一个自信、乐观的人。

第二天，陈玉成满怀自信去面试，结果被顺利地录用了。

在他看来，他之所以能得到这份工作，与前一晚的反省有很大的关系。

上班以后，凭借自己的努力，陈玉成很快就在公司树立了良好的口碑。有一段时间，公司的经济状况很不景气，员工们的情绪也都不稳定，而意志坚定的陈玉成已经成了公司的中流砥柱了。他力挽狂澜，带领公司的员工渡过了难关。因为他在公司最危难的时候做出了很大的贡献，老板将他提升为副总。

从陈玉成身上我们可以看到，他之所以能够取得成功，离不开自己的反省意识。是的，如果不懂得常常反省，那么你就不知道自己的缺陷在哪儿，也不会明白自己该怎么去改善自己。只有多多反省，才能巧妙地运用自己的能力，使自己走向成功。

反省是人们认识自己的秘诀，大多数人因为没有经常反省自己的习惯，所以经常看不到自己的变化和周围环境的变化，进而看不清自己的本质，也就无法思考自己的未来。只有懂得了反省自己的不足，才能更好、更快地去实现自己的梦想，才不会得过且过地去面对自己的人生。

李哥和陈哥是多年的朋友，他们在同一个地方的一栋高级写字楼里，各自有一家小型公司。李哥公司的工作环境非常不和谐，员工们经常为鸡毛蒜皮的小事吵架，人人相互戒备，每天怨声载道，度日如年；而陈哥公司的员工们相互坦诚，相互尊重，人人笑容满面，每天心情愉快，开心不已。李哥看到陈哥的员工们天天和睦相处，内心非常羡慕，却又不知其中的奥妙所在。于是，有一天，他去楼上想找陈哥讨教。不巧陈哥不在，在接待大厅，他向接待员讨教秘方。

李哥问："你们有什么好办法使公司里一直保持和谐愉快的气氛呢？"那位普通接待员不假思索地回答："因为我们经常做错事。"正当李哥对此感到疑惑不解时，忽然看到一名员工从外面回来，走进大厅时不慎摔了一跤。

这时，正在拖地的勤杂人员立刻跑过来，一边扶他一边道歉："真对不起，都是我的错，把地板拖得太湿，让你摔倒了，我向你真诚地道歉。"站在大门口的值班员见状也跑过来说："不，都是我的错，没有及时提醒你大厅里地板还没有干，应该小心点，都是我一时疏忽造成的。"摔跤的员工听后没有一句抱怨的话，更没有指责任何人，只是自责地说："不，不是你们的错，是我的错。都怪我自己太不小心了……"

看到了这一幕，李哥恍然大悟，他终于明白了陈哥的员工们和睦相处的原因所在了。回到公司以后，李哥进行一系列的教育培训，让每个员工从自身做起，半年后，公司风气有了明显的好转。

与其抱怨社会的不公、生活的不幸，不如学会反省，反省让自己的内心更加舒畅明朗。所以说，不论你性格好坏，也不论你是否顺心，我们都要懂得时时去反省自己、检讨自己，这样你的生活才会变得更加和谐美好。

德国著名诗人海涅说得好:"反省是一面镜子,它能将我们的错误清清楚楚地照出来,使我们有改正的机会。"哲学家苏格拉底也认为:"未经自省的生命不值得存在。"反省有许多好处,它能让我们更清醒地认识自己。在宁静的心灵状态下,我们更容易看清事情的本来面目,包括我们对事情应负的责任、做事的方法。懂得反省,我们才能更好地进步。

心性平和,方能宠辱不惊

毕淑敏说:"你不要总希冀轰轰烈烈的幸福,它多半只是悄悄地扑面而来。你也不要企图把水龙头拧得更大,使幸福很快地流失,而需静静地以平和之心,体验幸福的真谛。"

现如今,面对纷繁喧嚣的世界,我们的内心往往难以保持平静。内心的不平静,反映到行动上,就会忙乱无序。平和是人的一种心态,也是人的一种精神状态。无论是伟人还是凡夫俗子,都必须要有平和的心态,才能活得潇洒轻松、快乐无忧。再者,如果没有平和的心态,一个人容易变得暴躁不安,遇事无法冷静地处理,在前进的道路上是很难走得长远的。

1914年,爱迪生的实验室发生了一场大火,损失超过200万美元。他一生的心血成果在大火中化为了灰烬。

大火在最凶的时候，爱迪生的儿子查里斯在浓烟和废墟中发疯似的寻找他的父亲。他最终找到了：爱迪生正平静地看着火势，他的脸在火光摇曳中闪亮，他的白发在寒风中飘动着。"查里斯，你快去把你母亲找来，她这辈子恐怕再也见不着这样的场面了。"第二天早上，爱迪生看着一片废墟说道："灾难自有它的价值。瞧，这不，我们以前所有的谬误过失都给大火烧了个一干二净，感谢上帝，这下我们又可以从头再来了。"

火灾过去不久，爱迪生的第一部留声机就问世了。

很多事情是你无法左右的，但是你能做到的是把控自己的内心。正如爱迪生遇到的这次火灾，他从没有把它看作是一场灾难，而是觉得这是一次从头再来的机会，试问谁能够做到这一点呢？心态的平和与稳定更能够成就一个人的一生，因为在淡然中我们更能够有清醒的头脑来思考自己要做的事情。当自己身处困境的时候，我们不妨告诫自己："这点挫折算什么，没什么大不了，我不可能被打败，一切都会过去的！"这样或许更容易让我们的心境变得平和。

我国伟大的国学大师季羡林先生就是一位心态极为平和的人。在季羡林担任北大副校长时，有一次，他正走在校园里，有一个新生因要去报到却苦于无人看管行李，看到季羡林后，他以为是学校里的普通校工，就招呼一声说："老师傅，您帮我看一下行李，我去办个入学手续就回来，好吗？"季羡林答应了，但那个学生一去就是一个小时，回来后发现季羡林还在，就说了声"谢谢"，季羡林也点点头就走了。在第二天的开学典礼上，那学生竟然看到昨天帮自己看行李的"校工"正坐在主席台上，一问才知道是季羡林。

季羡林就是这样一个具有平和心态，谦虚、正直、诚实的人，正是他的这种心态为他赢得了世人的尊重，也让自己在浮华的尘世中能静下心来搞自己的学问。

著名学者张中行先生评价季羡林："一是学问精深，二是为人朴厚，三是有深情。"可是季羡林自己却对别人对他的那些关于"国学大师""泰斗""国宝"等称呼不以为意，他还写了三篇文章，叫"辞国学""辞泰斗""辞国宝"，在央视栏目《艺术人生》做嘉宾时，主持人朱军曾问他为什么要写这样的文章，季羡林却说，自己只是为国家做了点事情，配不上这几个称呼。

季羡林翻译出了令他享誉海内外的《罗摩衍那》。这是汉语的首译本，8大册，9万行，历时整整10年，为中印文化交流做出了巨大贡献。他还主编了《东方文化集成》这样的鸿篇巨著，计划10年出书500种。他那质朴的大脑永远都是白云舒卷，不知老之已至，乐于做各种事。就连生病在医院住院治疗期间，他也没闲下来，仍然每日坚持创作，日写2000字，每天也还在思考着他手里承担的一套中国佛教史学术巨著。

季老平时并不希望被别人打扰，那会打断他仅有的工作时间。除了非去不可的特殊活动，比如他主编的书要发行，学校安排什么活动，其他的活动他很少参加。他喜欢听二胡演奏的乐曲，但从不在这上面花费很多时间。他对于时间特别珍惜，除了吃饭、睡觉，就是工作、工作。

一颗平淡的心，成就了季羡林不平凡的人生。他专注于自己的研究，他不为世事烦扰，不被物质迷惑，遇事总能保持住自己的那颗平淡如水的心。朋友们，好的心态会给一个人带来太多太多的好处，它有益于一个人的身心健康，能让人的情绪保持稳定，此外，还能赢得更多的敬重。静下心来，仔细看看这个世界，我们很容易就会察觉到，原来生活并不是不美好，而是我们一直在抱怨中扭曲了生活。我们应该试着去做一个淡然的人，学会与人分享，学会在残缺中品味快乐，在逆境中感受幸福。

第04章
CHAPTER 04

你的心有多强大，
你人生的格局就有多大

> 心有多大，世界就有多大。如果一个人的内心足够强大，那么很多问题在他面前都会不攻自破。很多时候我们可能会把自己的不如意归结到外界环境，其实能够打败你的，往往是你自己。一个能够做好自己的人，才可能是一个更成功的人，他不会杞人忧天，而是懂得把握好当下的幸福；他不会被诱惑缠绕，而是懂得秉持自己的原则；他不会为琐事而忧心忡忡，而是懂得用气度来包容……拥有这样强人的内心，这就是成功的基础。

认真对待当下的每件事,为成功添砖加瓦

人们常说:"走过路过,不要错过。"因为不经意间,我们就错过了一些生命中很重要的人和事。不是我们不明白,而是我们太犹豫,或者不懂得珍惜当下,没有抓住机会。很多人为逝去的过往而暗自叹息,殊不知当下也在悄悄流逝;很多人总是一味地规划未来,当下的事情却做得一塌糊涂。日休禅师曾经说过:"人生只有三天——昨天,今天和明天。活在昨天的人迷惑,活在明天的人等待,只有活在今天的人最踏实。"是啊,如今的我们应该珍惜今天的生活,不要荒废了自己的人生,过好每一天,做好每一件事,把握好每一次机遇,这样不管未来如何,你都能无怨无悔。

有一个小和尚,负责每天早上打扫寺院里的落叶。

清晨起床扫落叶实在是一件苦差事,尤其在秋冬之际,每一次起风时,树叶总随风飞舞。每天早上都需要花费许多时间才能清扫完树叶,这让小和尚头痛不已。他一直想要找个好办法让自己轻松些。

后来有一个和尚跟他说:"你在明天打扫之前先用力摇树,把落叶统统摇下来,后天就可以不用扫落叶了。"小和尚

觉得这是个好办法。于是第二天他起了个大早，使劲地猛摇树，他认为这样就可以把今天跟明天的落叶一次扫干净了。一整天小和尚都非常开心。

第二天，小和尚到院子里一看，他不禁傻眼了。院子里如往日一样满地落叶。

老和尚走了过来，对小和尚说："傻孩子，无论你今天怎么用力摇，明天的落叶还是会飘下来的。"小和尚终于明白了，世上有很多事是无法提前完成的，唯有认真地做好当下的事，才是最真实的人生态度。

你能知道明天是怎样的吗？你能预知到明天的故事吗？这些都是一些未知的事情。明天是成功，还是落魄？同样没人能说清。也有一部分人，沉溺于对未来的美好幻想中，把未来想得很美好。但当未来真正到来的时候，他们才发现一切并没有自己想象中得那么美好。这是生活在明天的人。

陈小莫大学毕业后，被分配到一家电影制片厂担任影片剪辑助理。这是陈小莫的一个新的起点，她相信自己从此将在影视界崭露头角。可是过了没几个月的时间，她却离开了这个岗位，辞职了。

陈小莫认为自己这样做的理由很充分：自己是一个名牌大学的毕业生，接受这么多年的教育，可是现如今在电影制片厂做的都是什么工作？自己就像是一个打杂的似的，把宝贵的时间耗费在贴标签、编号、跑腿、保持影片整洁等琐事上面，陈小莫觉得自己心里实在是接受不了，感觉自己一点发挥的机会都没有，像是被骗了似的，更有一种对不起自己的感觉。

几年后，当陈小莫看到电视上打出的演职员表名单时，发现以前的同事有的现在已经成为导演，有的已经成为制作人。看到大家如今的成就，此时此刻的小莫心里有万般滋味却无法言表。

陈小莫原来并未看到平凡岗位也具有不平凡的意义，所以她的辞职行为，关闭了自己在影视界闯出一番事业的大门。陈小莫只是想着自己很快能够做出轰轰烈烈的事业，可是殊不知美好的明天是靠今天不断努力挣来的，不想做好当下的每一件事情，总是奢望未来如何如何，结果只会输掉未来，原因是败在了当下。如果她当时对自己在影视界的远景能进行一次清醒的前瞻，制订一个明确的目标，那么最初当影片剪辑和打杂的那段时间，至多只能算是预先付出的一点小小的代价而已。

昨天已逝，明日未临，其实我们能抓住的、能把握的，不过就是今天，就是现在。所以，活在当下，把握好现在，做好当下的每一件事，我们才不会在明天后悔，我们才能离成功更近。

放眼世界，展望未来

世界到底有多大？不同的人眼里有着不同的答案，因为

第04章
你的心有多强大，你人生的格局就有多大

每个人的心是不一样的。心是什么？是理想、追求、抱负、胸襟、视野和境界。有一等胸襟者，才能成就一等大业；有大境界者，才能建立丰功伟业。当心变大时，我们就多了一双眼睛、一双手、两只耳朵。不管我们能不能做出一番大事业，我们都不要丢了自己那颗拥有大境界的心，就算是平凡的小事，相信我们也能用心去做到更好。心有多大，舞台就有多大，放眼未来，我们的世界将会更加宽广。

《庄子》中的《逍遥游》讲过这样一个故事：

北方有一片大海，海中有一条叫作鲲的大鱼，宽几千里，没有人知道它有多长。它变成鸟，叫作鹏，它的背像泰山，翅膀像天边的云，飞起来，乘风直上九万里的高空，超绝云气，背负青天，飞往南海。

蝉和斑鸠讥笑它说："我们愿意飞的时候就飞，碰到松树、檀树就停在上边；有时力气不够，飞不到树上，就落在地上，何必要高飞九万里，又何必飞到那遥远的南海呢？"

正所谓"燕雀安知鸿鹄之志哉"，那些蝉和斑鸠的眼光如此短浅，它们又能看到什么呢？所以说它们根本理解不了大鹏的志向和眼光。心有多大，世界才有多大。如果你没有强大的心灵，没有坚定的信念，没有远大的志向，那么你看到的天地真的是极为狭窄的。想要成为大鹏一样的人，必定要比常人忍受更多的艰难曲折，忍受心灵上的寂寞与孤独。这样经过岁月的洗礼，他们才会把自己的心灵锻炼得更为强大，把自己的视

野开阔得更为广阔，那么他们眼下的世界将会比他人更大，更精彩。

李斯是秦朝的丞相，辅佐秦始皇统一并管理中国，立下汗马功劳。可少有人知，李斯年轻时只是一名小小的粮仓管理员，他的立志发愤图强，竟然是因为一次上厕所的经历。

那时李斯26岁，是楚国上蔡郡府里的一个看守粮仓的小文书。他的工作是负责仓内存粮进出的登记，将一笔笔斗进升出的粮食进出情况认真地记录清楚。

日子就这么一天天过着，李斯不能说完全浑浑噩噩，但也没觉得这有什么不对。直到有一天，李斯到粮仓外的一个厕所解手，这样一件极其平常的小事竟改变了李斯的人生态度。李斯进了厕所，尚未解手，却惊动了厕所内的一群老鼠。这群在厕所内安身的老鼠，个个瘦小枯干，探头缩爪，且毛色灰暗，身上又脏又臭，让人恶心至极。

李斯看见这些老鼠，忽然想起了自己管理的粮仓中的老鼠。那些家伙一个个吃得脑满肠肥，皮毛油亮，整日在粮仓中大快朵颐，逍遥自在。与眼前厕所中这些老鼠相比，真是天上地下啊！人生如鼠，不在粮仓就在厕所，位置不同，命运也就有所不同。自己在上蔡城里这个小小的仓库中做了8年小文书，从未出去看过外面的世界，不就如同这些厕所中的小老鼠一样吗？整日在这里挣扎，却全然不知有粮仓这样的天堂。

李斯决定换一种活法，第二天他就离开了这个小城，去投奔一代儒学大师荀况，开始了寻找"粮仓"之路。二十多年后，他把家安在了秦都咸阳的丞相府中。

我们可以平凡，但是我们要拒绝平庸。如果甘心做一只井底之蛙，那么真的是一件非常悲哀的事情。你眼下的世界有多大，全在于你的心有多大，心看得越远，你走的路也会越长。李斯的成功正是因为他从生活中受到启发，及时走出了自己的小天地，不断放眼未来，从此才有了自己大展宏图的机会。

一个人的心有多大，舞台就会有多大。进取心是成功的起点，也是重要的心理资源。目光高远，不抱怨，不随意发牢骚，时刻想着提高和进步，都是成功者重要的习惯。请记住红顶商人胡雪岩说过的这一句话："做事一定要看大局，你的眼光看得到一省，就能做下一省的生意；看得到一国，就能做下一国的生意；看得到国外，就能做下国外的生意；看得到天下，就能做天下的生意。"

与人友善，何必置气

印度诗人泰戈尔曾说："不让自己快乐起来是人最大的罪过。"生气就是跟自己过不去，面对他人的攻击，能够保持镇定的人，才是生活的智者。所以说，我们不要为别人犯下的错误而烦恼，细想一下，一些事情小砸了可能就无法挽回，你只能吃一堑，长一智，如果为此天天寝食难安，乃至忧虑和烦恼缠身，就不值得了。假如他人能够诚心改过，那么我们应该试着用宽容的心去接纳，因为人无完人，很多不触及底线的事情我们可以选择原谅，这不仅是对他人的宽恕，也是对自己内心的一种释放。

古希腊神话中，有一个关于"仇恨袋"的故事。

赫格利斯是一个威风凛凛的大力士，所向披靡，无人能敌，人们听到他的名字都会觉得心惊胆战。所以，春风得意的赫格利斯踌躇满志，他一直宣称自己今生最大的遗憾就是没有对手。

一天，赫格利斯走在一条狭窄的山路上。突然，一个什么东西把他绊了一个趔趄，险些让他摔倒在地上。赫格利斯很生气，走上前定眼一瞧，原来脚下躺着一只袋囊，他猛地踢一脚来泄愤，但是那只袋囊不但纹丝不动，反而气鼓鼓地膨胀起来。

赫格利斯看到袋囊胀起的样子，像是在向他宣战，于是更加愤怒了，他挥起拳头又朝袋囊狠狠地一击。但是，袋囊依然一动没动，只是再次迅速地膨大起来。

赫格利斯暴跳如雷，他拾取一根木棒朝袋囊砸个不停，但他越用力，袋囊就好像故意向他示威似的越胀越大，最后把整个山路堵得严严实实。气急败坏却又无可奈何的赫格利斯累得躺在地上，气喘吁吁。

这时,一位智者走过来。他早已经在旁边观察赫格利斯很久了,见倒在地上的赫格利斯问:"你为什么这样做呢?"

赫格利斯懊恼地说:"这个东西真可恶,存心跟我过不去,把我的路都给堵死了。"

智者淡淡一笑,平静地说:"朋友,这个袋囊叫'仇恨袋'。如果你不理会它,或者干脆绕开它,它就不会跟你过不去的。如果你越生气,它就会越胀越大,所以才会把你的路堵死了!"

赫格利斯越是生气,就越是与"仇恨袋"过不去,结果终究还是把自己的路堵得死死的。本来可以一笑置之地走过,可他却没有这么做,想想又是何必这么较真儿呢?其实,生活中很多人总是遇事"小心眼儿",活得过于认真,因此就非常容易被他人的一点过失惹恼,其实想想这又何必呢?人是群居动物,难免会遇到很多磕磕绊绊,如果事事置气,那自己早晚不就被气死了吗?所以说,不要别拿别人的错误惩罚自己,心宽一点,容纳得多一点,那么你的心情自然就会好很多。

李杨刚刚走出校门参加工作,刚踏入公司的他因为是新人的缘故老是受一些委屈。比如说那些老员工总是给他安排一些琐碎的事情,还有的同事总是排挤他,遇到问题就对他恶言相向,他也总是被推到最前面来承担责任……对此,李杨感到非常生气,也非常难过,但又不知如何摆脱。

在这样的情况下,他找了一位比较有阅历的长辈诉说。长辈听了李杨的抱怨后，十分平静地问道："你的家中偶尔也会有客人或者很要好的朋友到访吧？"

"那是当然的，为什么问这个呢？"李杨回答道。

"当家里来客人的时候，你会不会好好地招待他们呢？"长辈就接着问。

"当然会了。"李杨说。

"如果当你为他们准备好菜肴的时候，可是客人们没有留下来，那么这一桌菜肴应该归谁呢？"长辈问道。

"如果这样的话，那只能我自己去吃了呀！"李杨这样回答。

长辈顿时笑了笑，看着他，说道："是的，李杨你应该明白，你们公司的同事对你不满意，或者是与你作对的时候，如果你不把这些放在心里，不去接受这一切，那么，那些斥责还是属于他们的。"

最终，长辈又以平静的语气对李杨说道："如果他人对你传达了一些不良的情绪，很恼怒地对待你，你以牙还牙，这其实并不是什么明智之举，只会让矛盾更加严重。可是不反击你又难过，那么你应该怎么做呢？当面对他人的愤怒的时候，你要以正念镇定自己，这样不但能战胜自己，也能战胜他人。"

听完这话，李杨顿时领悟了。回到公司之后，李杨对别人的苛责总是以微笑应对，最终感化了其他的同事，成为部门最受欢迎的人，不久之后，他就升了职。

你改变不了别人，那就改变自己，开阔自己的心胸，不再让一些琐事扰乱自己的生活。保持一种平和的心态对我们的为人处世有很大的意义，它会为我们营造一种更为和谐的氛围，也会让自己变得更加坦然、优秀。

总之，你不要对别人要求过高，否则就会因内心得不到满足而过于烦恼，也不能对别人"全盘否定"，因为"人无完人"，想一下，如果过于计较个人的得失，你就会经常陷入焦躁不安之中，心绪不能平静，起起伏伏，最后忧郁难过的还是自己。所以，放过别人，也是放过自己。

你的人生高度，取决于你的气度

西方谚语有云："上帝给每人一只杯子，你从里面饮入生活。"一样的生命，一样的童年，一样的成长，可仅仅因为每个人的气度不同，人生就会大相径庭。你想要怎样的人生，其实决定权不在上帝的杯子，而在你的手中。气度决定了人生的高度，一个有气度的人才会有所成就，否则他未来的成就势必会受到阻碍。如今的社会可以说是充满着各种各样的挑战和诱惑，我们不断地用物质、知识、金钱丰富着自己，但同时我们也不要丢弃了那些"内在"的东西，比如一个人的心胸、气质、品格、修养等。

春秋时期，公子纠和公子小白曾为了争夺王位而站在对立的位置。管仲和鲍叔牙虽然都是有才之士，但站在不同的利益集团各司其主。管仲在公子纠旗下，而鲍叔牙在公子小白的阵营之中。

在双方交战的时候，管仲一箭射中公子小白身上的铜制衣带钩，险些要了公子小白的性命。不久之后，战争结束，公子小白获胜，成为历史上有名的齐桓公。公子小白即位后，鲍叔牙因为辅佐有功，被有意任命为相国。然而鲍叔牙认为曾经和他们敌对的管仲比自己更合适，虽然曾经是敌人，但是却是一个可用之才。想到国家社稷，鲍叔牙力荐管仲。

鲍叔牙心胸宽广，如实对齐桓公说："虽然我辅佐您登基，但是管仲比我更适合担任相国这个重要的职位。因为他在很多方面都比我强。他能够收拢民心，做到安民，我却做不到。他对治理国家也比我有见地，能够保证国家的利益。他能够制定礼仪，我却做不来。战争的时候，他能够鼓励引导人们，而且还能指挥战争，我也不如他。所以他比我更适合做相国。"齐桓公也是一位心胸宽广之人，考虑过后他觉得鲍叔牙说得有道理，便让管仲做了相国，完全不去计较曾经的一箭之仇。因为齐桓公和鲍叔牙的爱才，管仲也尽心尽力地辅佐，最终助齐桓公成就伟业，使得当时齐国的实力强盛一时。

这个故事相信很多人都听过，不论是齐桓公还是管仲、鲍叔牙，他们都有着让人敬佩的大气度。试想一下，如果他们都斤斤计较当时的矛盾，那么历史上或许就没有这段贤君名士的佳话了。气度决定人生的高度，气度左右一个人的格局，所以说，做人做事一定要有着宽广的胸怀，保持大气度。

关于这方面，李开复曾讲过一个发生在林肯身上的小故事。

1860年，林肯当选为美国总统。跟他同时参加选举的还有萨蒙·蔡思，蔡思被人们认为是一个狂态十足、极其自大而且妒忌心极重的人。他对权力有一种近似狂热的渴望，没能得到总统的职位后，只好退而求其次，想当国务卿。

对于蔡思要当国务卿的事情，有很多人反对，认为这个疯狂的权力追求者不适合进内阁。但林肯不这么认为，他觉得这个人很有能力，尤其是在财政预算与宏观调控方面，很有一套。最后，林肯任命他做了财政部部长，并一直十分器重他，尽量减少与他的冲突。

面对林肯的大度，蔡思却是另一番表现，他并不领林肯的情，而是依然为谋求总统的位置而四处活动。不过，林肯并没有在意这件事。很多人对林肯的做法表示不解，其中一个记者还当面问到了这件事，林肯没有直接回答，而是讲了一个小故事。

林肯说，有一次他和他兄弟在老家的农场里耕地。用来拉犁的那匹马很懒，总是慢腾腾地挪动，一点效率也没有。可是突然之间，马却在地里飞跑起来，兄弟俩差点儿都跟不上它。

两兄弟以为马转性了，变得勤劳了，结果，到了地头他们才发现，原来是有一只很大的马蝇叮在马的身上。

林肯看到后，不忍心让马继续被咬，就想把马蝇打落在地。可他的兄弟不同意，说："别打呀，那是马前进的动力，没有它，马就不会跑那么快了。"

讲完这个故事后，林肯意味深长地说："如今，正好有一只名叫'总统欲'的马蝇，落在了蔡思先生的身上，'叮'着他，促使他前进，我暂时还不想打落它。"记者听了林肯的话不仅被他的气度所折服，同时，更是为他的智慧而倾倒。

一个人想要取得伟大的成就，必须培养自己广阔的胸襟、恢宏的气度。一个人想要在生活中成为一个豁达的人，也要注意气度的修养，能够对不如意的事情一笑置之。

人的心有多大？要看你的气度、胸怀、胆识与心智。气量大，天地给你的舞台就大，赋予你的担子就重；气量小，甚至会连妻儿老小都容不下，就很可能变成孤家寡人了。

面对诱惑，要有强大的自控信念

唐代伟大的文学家柳宗元曾写过一篇名为《蝜蝂传》的散文。文章内容如下：

蝜蝂是一种擅长背东西的小虫。爬行时遇到东西，总是抓取过来，抬起头背着这些东西。东西越背越重，即使非常困难也不停止。它的背很粗糙，因而东西堆上去不会散落，终于被压倒爬不起来。有的人可怜它，替它去掉背上的东西。可是蝜蝂如果能爬行，又把东西像原先一样抓取过来背上。这种小虫又喜欢往高处爬，用尽了它的力气也不肯停下来，最后导致跌下摔死在地上。蝜蝂抵挡不住事物的诱惑，总是想贪婪地拥有一切，由于背上的东西越来越多，越来越重，终于丢掉了性命。

当你无法抵制一些诱惑的时候，你就想贪婪地去拥有这一切，那么你背负的东西就会越重，久而久之，你就会被贪婪压制得无法呼吸。我们每个人的生命中总是会遇到各种各样的诱惑，如果你在这些诱惑面前无法止步，那么你就会无法收住自己贪婪的心，终究会毁了自己。所以说，保持理智对一个人来说极为重要。

1960年，美国心理学家米卡尔曾做过一个"果汁软糖"实验：实验者将一群4岁的孩子留在房间，发给他们每人一颗软糖，然后告诉他们："我有事要出去一会儿，你们可以马上吃掉软糖，但如果谁能坚持到我回来的时候再吃，就能够再得到一块软糖。"

有些孩子比较冲动，实验者走后就迫不及待地吃掉了软糖。有些孩子能够等到实验者回来，尽管等待的时间非常漫长。这些孩子用尽各种方法让自己撑下去：有的闭上眼睛，避免看见十分诱人的软糖；有的将脑袋埋入手臂之中，自言自语，唱歌或者玩弄自己的手脚，甚至让自己努力睡着。20分钟以后，实验者回到房间，坚持到最后的孩子又得到一块软糖。实验后，研究者对这些孩子进行了长达14年的追踪调查。

结果发现，两种孩子在情绪与社会性方面的差异表现得非常显著。自制力强的孩子社会适应能力较强，较为自信，人际关系较好，也较能面对挫折。在压力面前，不易崩溃、退却、紧张或乱了方寸，能够积极迎接挑战，不轻言放弃。在追求目标时，他们也能和面对软糖时一样压抑立即得到满足的冲动。冲动型的孩子却约有三分之一缺乏这种特质，并且表现出一些负面特征，例如，怯于与人接触，固执而优柔寡断，容易因挫折而丧失斗志，认为自己是坏孩子，遇到压力容易退缩或者惊慌失措，容易怀疑别人以及对别人感到不满，容易嫉妒或羡慕别人，因易怒常与人争斗，而且和小时候一样，不易压制立即得到满足的冲动。

研究者在这些孩子中学毕业时又进行了一次评估，结果发现当时能够耐心等待的孩子在学校的表现更为优异。这些孩子学习能力较好，无论是语言表达、逻辑推理、专注力、制订并实践计划还是学习动机都比较好。

而且，这些孩子的入学考试成绩普遍较高，耐心等待的孩子比迫不及待取走糖果的孩子的平均成绩多出200多分。

有人说，"也许当自制力从你的心中崛起时，你将远离往日的欢乐；但请你相信，自制力是事业成功的必要条件"。由此可以看出，如果我们想要成功，就不能只做自己想做的事情，而要做自己应该做的事情。因为把眼光放得长远来看，那短时间的不快乐却是你成功的积淀，可以说是一个人成长道路上不可缺少的因素。

第05章
CHAPTER 05

停止被动的人生，跟眼前的苟且做个告别

一个人如果没有梦想，那么他的生存意义是什么呢？即便梦想是遥远的，即便实现梦想的道路是艰难的，你也一定要有自己的梦想，因为谁也无法预知前方是什么样子，说不定有一天梦想就实现了呢！假如整日浑浑噩噩，得过且过，那实在令人叹息！如果梦想在彼岸招手，那么坚定的信念就是抵达彼岸的桥梁，而且走过桥梁也需要一步步坚定的步伐。静下心来，听听自己的声音，为梦想出发吧！

每天努力一点点，进步一点点

哈佛大学有这样一句名言："寄希望于积少成多而不是鸿运当头。"毕业于哈佛大学的布隆伯格认为："要成功，你必须把获得的一点点小进步串到一起，而不是寄希望于中一次头彩。你要努力工作，因为这会增加机会。我或者我的公司取得的重大进步都是渐进式的而不是革命式的，积少成多而不是鸿运当头。"其实，一个人的成功不是像鸿运当头那样简单快速，而是需要每天不断积累，正所谓"不积跬步，无以至千里"，只有每天进步一点点，才能进步一大截。

有一个男孩在上小学的时候有一件事一直弄不明白，他想着自己的同桌为何很出众，自己却总是赶不上他。得第一对于同学来说是很简单，但是为何他想争第一的时候，却在班里处于二十几名？

回家后他问妈妈："妈妈，我是不是比别人笨？我觉得我和他一样听老师的话，一样认真地做作业，可是，为什么我总比他落后？"

看到儿子伤心的样子，妈妈的心里也是非常难受的，她知道学校的排名已经对儿子的内心造成了一定的打击，可以说是伤害了一个孩子的自尊。当妈妈望着儿子无助的眼神时,她已经不知道说什么好了,因为她自己也不知如何来回答。

又一次考试后,男孩考了第十七名,而他的同桌还是第一名。回家后,男孩又问了同样的问题。她真想说,人的智力确实有区别,考第一的人,脑子就是比一般人的灵。可是,这样的回答无疑会对孩子的积极性造成一定的伤害,对孩子是不公平的。所以她还是没有说什么。

有时候,男孩的妈妈总是在思考,到底要怎么回答自己的孩子,怎样回答才能不伤害孩子的内心且给他向上的动力。有时候,她真的想应付儿子,或者说因为你不够刻苦,或者说因为你不够聪明,或者说你没有学会利用时间……可是这样说自己真的是感觉于心不忍,因为这位妈妈深深地感觉到自己的孩子真的是很尽力,像她儿子这样脑袋不够聪明,在班上成绩不甚突出的孩子,平时活得还不够辛苦吗?所以她没有那么做,她想为儿子的问题找到一个完美答案。

转眼间男孩已经小学毕业,升入初中的男孩越发地刻苦努力,可是他发现自己仍然考不到第一名,还是没有超过他的那位一直考第一的同桌。可是有一个细节值得骄傲,那就是相比于自己以往的成绩,他一直处于进步的状态。为了对儿子的进步表示赞赏,她带男孩去看了一次大海。就是在这次旅行中,妈妈回答了儿子的问题。

妈妈和儿子手牵着手走在沙滩上,一起感受着海风,听

081

着彼此的心里话，随后妈妈招呼儿子坐下，她指着远方对男孩说："孩子，看到了吧，远处是一些争抢吃食的小鸟。当海浪打来的时候，小灰雀总能迅速地起飞，它们拍打两三下翅膀就升入了天空；而海鸥总显得非常笨拙，它们从沙滩飞入天空总要很长时间，然而，真正能飞越大海横过大洋的却还是它们。"

妈妈的话给了男孩很大的自信，他明白了妈妈的意思，再也不为此感到苦恼。后来，男孩终于成了全校第一，而且成功考入了清华大学。

一个人，如果每天都进步一点，哪怕只是1%的进步，慢慢积累也会打造出超凡的能力。每天进步一点点，距离目标就能近一点。或许现在我们离自己设定的目标还很遥远，但只要每天都努力使自己进步一点点，那么总有一天，我们会实现自己的目标。相信小男孩的故事会让我们感触颇多，因为生活中很多事情都是这个道理，不管是学习还是自己的事业。

子琳家境比较贫寒，还没上完高中就因为生活所迫走入了社会，后被一家知名外企聘为清洁工。看着那些衣着华贵、气质不凡的白领们，子琳说不上有多羡慕，于是她在心里暗暗发誓："我要努力缩小与这些人的差距。"因此，只要有时间子琳就开始学习英语，她非常刻苦，每天不厌其烦地翻看英文字典，学得很拼命，就是上厕所时也拿着书看。"你在公司就是一个打扫卫生的，还想飞上枝头做凤凰，再学习能有多大出息",有人嘲笑道,但子琳坚信:"没什么困难的,就算一天记十个单词,那一年的词汇量也能达到三千多呢,我一定可以的。"果然子琳的外语水平与日俱增,能与外国员工进行简单的交流,这让老板刮目相看,便提拔她做秘书。

做秘书其实也不是一个简单的工作,需要具备各方面的能力,还要帮助自己的老板解决很多冗杂的问题,其实这些对于子琳来说都是比较难的,因为她从没接触过。这要怎么办呢?继续学习吧!除了把工作做得周到细致外,子琳只要有空就认真翻阅公司的各种文件,了解公司的业务。而且,她还报考了一个职业培训班,每个周末都去参加培训,风雨不误。终于功夫不负有心人,子琳的专业能力得到了很大的提升。在子琳看来,每天处于进步的状态,哪怕是进步一点点,这都是一件非常有成就感的事情。随后的工作,子琳越发努力。之后,又通过几年的认真学习和实践锻炼,她的工作能力越来越突出,成为老板不可或缺的"左右手"。对于自己的成功秘诀,子琳给出的答案是:"没什么,就是每天进步一点点。"

"苟日新,日日新,又日新。"当量变达到一定程度的时候就会产生质变,追求梦想的道路不也是这样的吗?我们不要好高骛远,也不要妄自菲薄,我们应该时刻保持积极向上的心,让自己处于不断进步的状态,那么成功也就离自己不远了。正如李大钊所说:"凡事都要脚踏实地去做,不驰于空想,不骛于虚声,而唯以求真的态度作踏实的功夫。以此态度求学，则真理可明，以此态度做事，则功业可就。"坚持每天多学一点点，就是进步的开始；坚持每天多想一点点，就是成功的开始；坚持每天多做一点点，就是卓越的开始；坚持每天进步一点点，就是辉煌的开始！

人要有梦想，不然和咸鱼有什么区别

梦想有多大，你的人生舞台就有多大。不管有多远，不管有多渺茫，人总是要有梦想的，因为没有梦想的人生是灰暗的、了无生趣的。心中有梦想，才会有一往无前的决心与勇气。周围的如狂风暴雨般的阻力，脚下崎岖险恶的道路，在梦想面前，也就什么都不是了。总之一句话，梦想还是要有的，万一实现了呢？

20世纪初，有个年轻的美国人，他确立的人生目标是当美国总统。1910年，他就当选为纽约的参议员；1913年，任海军部助理部长；1920年，他出任了民主党副总统候选人。1921年，他在39岁时突染重病，成了一个双腿不能活动的残疾人。但是这个人并没有因此放弃当总统的梦想。

他制订了一个旁人看来十分笨拙的身体复原计划——从练习爬行开始。为了激励自己的意志，每次练爬行的时候他都把家人、佣人叫到大厅来看。他说："我不需要掩盖自己的丑态。"他虽然用尽全力爬得汗如雨下,却还赶不上刚会走的小儿子。他的妻子后来回忆说:"见他这样就像有千把尖刀刺在我的心上,可是他从来不听劝阻,坚持到底。"将近七年的坚持苦练终于使他从爬到能够站立起来,虽然仅仅能够站立一小时。1928年,他竞选纽约州州长成功。1933年3月4日他就任了美国第32任总统,终于实现了他的梦想,并于1936年、1940年、1944年三次连任,成为了一位执政时间长达12年的伟大的美国总统。是他实行新政先将美国从经济的大萧条中解脱出来,之后又带领美国向法西斯宣战,取得了第二次世界大战的胜利。

1945年4月12日,63岁的他因突发脑溢血而去世于总统任期内。这位美国总统是谁呢?他就是富兰克林·罗斯福。梦想使他的生命力出现了超乎寻常的奇迹,他的成功就是追求梦想的胜利!

有一句话相信大家都很熟悉,"梦想是要有的,万一实现了呢?"是啊,没有敢想敢做的魄力,梦想是永远实现不了的。人就应该树立远大理想,保持积极心态,这样才有可能成为一个自己梦想的人。

有一次,父亲带着年幼的李嘉诚到了汕头的海边。他一边指着港口来往如梭的巨轮,一边给李嘉诚讲生活的道理。但是,年幼的李嘉诚根本听不进去父亲所讲的生活道理,反而好奇地盯着那些停泊在码头的巨轮看,并产生了浓厚的兴趣。

在这个没有任何社会经验的男孩眼中,这么大的轮船居然可以稳稳当当地在海上航行,真是一件非常不可思议的事情。于是,他指着大船对父亲说:"爸爸,我将来也要做大船的船长!"

父亲高兴地对李嘉诚说:"好儿子,有梦想是好事情!但你要知道,做一个船长非常不容易,他必须考虑很多问题,思考必须很全面。"

父亲把手放在李嘉诚的肩膀上,说:"你看,现在天气很好,船只在海中航行就比较安全。但是,如果出海后,风暴来了怎么办?当船长的人,就得提前想到这种情况,提早做好一切准备工作。其实,做任何事情都要像做船长一样,预先考虑周全,随时准备应对一切问题。"

听完父亲的话,李嘉诚点了点头,暗中树立了做船长的伟大梦想,并一直朝着这个梦想而不断地努力。虽然他最终没有成为船长,但是,他喜欢把自己的人生比作一条船,喜欢把自己的李氏王国比作一条船,且一直以船长的意识去经营他的人生和公司。他曾经自豪地说:"我就是船长,我就是这条航行在波峰浪谷中的船的船长!"

朋友们,你是否还记得我们小时候的那些梦想?有的人立志当科学家报效祖国,有的人想当医生救死扶伤,有的人想当老师教书育人,有的人想从政为人民服务……此刻不知大家是否实现了自己的梦想?梦想不是随口说说那么简单,正如李嘉诚的父亲所言，"做任何事情都要像做船长一样，预先考虑周全，随时准备应对一切问题"。如果我们不用一颗真诚的心、奋进的心来正视自己的梦想，那么它也不会轻易地实现的。

编织梦想，一步步达成目标

徐特立曾经说过："在当前现实的狭隘基础上，有高尚的理想，全面的计划；在一步一步行动上，想到远大前途，脚踏实地地稳步前进，才能有所成就。"其实，再长的路，一步步也能走完；再短的路，不迈开双脚也无法到达。我们不必抱怨梦想的遥不可及，我们也不必难过当前的风风雨雨，只要有一颗脚踏实地不断前进的心，走一步，再走一步，总有一天你将会编织出最绚丽的梦想。

小芸在很小的时候看到小姐姐们都很会跳芭蕾舞，看着她们翩翩起舞时迷人的身姿和漂亮的衣服，感觉像是一个个天使。于是，后来有一天她告诉妈妈自己也要学芭蕾舞。妈妈答应了她，她也告诉妈妈，不管多累她都会一点一点地努力学习，跳出最美丽的自己。

从此之后，妈妈监督着小芸学习舞蹈，可是事实却比小芸想象得难多了，小芸感到很累，总是练习一会儿就放弃，每当小芸想停下来休息时，妈妈总是问："你竭尽全力了吗？你如果不认真对待,不脚踏实地地去练习,每次都想放弃,那么你的梦想能实现吗?"于是,小芸便咬着牙继续坚持练,直到筋疲力尽无法站立时,才瘫坐在地上休息。

时间一点点地过去,小芸的思想好像又懈怠了,枯燥乏味的练功生活使小芸觉得学芭蕾舞简直是一种痛苦,她开始厌烦练功,打算放弃芭蕾。看到小芸的表现,妈妈把她叫到身边,问道:"当初是谁决定学芭蕾舞的?"小芸惭愧地说:"是我。"妈妈说:"你今天放弃了芭蕾,明天还会放弃别的,你要明白做任何事情都会遇到无法预料的艰难。如果你决定去做什么事,你就要用尽全力去做,因为只有脚踏实地地去渡过一个个难关,你才会取得成功,否则你就会一事无成。"

小芸委屈地抱怨说:"可我每天的练功生活太枯燥乏味了!"妈妈劝诫说:"一个有梦想的人是不会被面前的困难打倒的,任何一个学芭蕾舞的人都是这样,别人都能做到,你为什么不能?除非你是弱者。"

小芸不想成为弱者,她把妈妈的话牢记于心,从此不断鞭策自己。每当小芸练功累了就用海绵擦洗一下四肢,借以恢复体力,然后接着再练。最后她终于在舞台上证明了自己。

成功是没有捷径的,最好的方法就是脚踏实地地用自己的努力来积蓄一鸣惊人的力量。海明威曾经说过:"一个人只要竭尽全力地去做一件事,不论结果如何,他都是成功者。"是的,世上无难事,只怕有心人。没有办不成的事情,只有办不成事的人。在追求成功的道路上，我们所有的付出都不会白费。终有一天，你会为自己一路的汗水而感到满心欢喜。

美国柯立芝总统是一位做事脚踏实地、深谋远虑的人，因此当他做决定时，对于事情的结果，早已有八成的把握了。

有一次，哈德森市发生了一桩命案，一个无名男子被人打死了，当时市政府派委员普勒特前去调查，普勒特拟将尸首移开，但不知法律上是否允许这样做，因此便到市里最有名的两个律师亨利和费特的事务所去，想问个究竟。

当他赶到事务所时，凑巧那两个律师都有事外出，所里只有一个青年，坐在一张小写字桌前，正在阅读一本与法律有关的书。普勒特问他所里是不是只有他一个人，那个青年极客气地吐出一个"是"字，接着仍旧看他的书。

普勒特等了好一会儿，仍然不见有人回来，终于等得不耐烦了，只好把来意告诉了青年，并且说他实在不能再等下去了，因为那个尸首非得赶快移开不可。

青年仔细听他说完，想了一会儿，冷冷地回答说："你把那尸首移开好了。"

普勒特感到疑信参半，再用极沉重的口吻问道："你对这事可以负责吗？"

青年这时仍用冷冷的口吻回答说："是的，你尽管把那尸首移开好了。"

于是普勒特半信半疑地离开，在门口凑巧碰见亨利律师回来了。

普勒特连忙把事情重述了一遍,并很不满地问道:"亨利先生,那个坐在屋子里的家伙是谁?"

亨利笑着说:"请您不要见怪,那个小伙子平时总是这样不大开口的,但是他做起事情来,却稳重得像老牛一般。他虽然来我们这里只做了几个月的事,但已经使我们知道他是一个说出话来永不会打回票的人了,所以现在他既然回答您可以把那尸首移开,您尽管大胆照着去做好了,包您不会有错!"

那个青年是谁?他就是后来被选为总统的柯立芝!

成功并不是那么简单,但是如果你努力奋斗,一切皆有可能;梦想没有那么容易实现,但是你一步步树立目标,各个攻破,或许一切都将不再是空想。如果把捷径理解为一蹴而就的话,成功是没有捷径可以走的;如果把捷径理解为到达成功的最短距离的话,成功的捷径就是我们脚踏实地地奋斗、扎扎实实地努力!

内心坚定,努力朝梦想进发

英国剑桥郡的女性打击乐独奏家伊芙琳·格兰妮成长在苏格兰东北部的一个农场,8岁时她就开始学习钢琴。随着年龄的增长,她对音乐的热情与日俱增。但不幸的是,她的听力却在渐渐下降，医生断定是由于难以康复的神经损伤造成的，而且断定她到12岁时，将彻底耳聋。可是，她对音乐的热爱却从未停止过。

伊芙琳·格兰妮的目标是成为打击乐独奏家，虽然当时并没有这么一类音乐家。为了演奏，她学会了用不同的方法"聆听"其他人演奏的音乐。她只穿着长袜演奏，因为这样她就能通过她的身体和想象感觉到每个音符的震动，她几乎用她所有的感官来感受着她的整个声音世界。

她决心成为一名音乐家，而不是一名"耳聋"的音乐家，于是她向伦敦著名的皇家音乐学院提交了申请。

因为以前从来没有一个耳聋的学生提交过申请，所以一些老师反对接收她入学。但是她的演奏征服了所有的老师，她顺利地入了学，并在毕业时荣获了学院的最高荣誉奖。从那以后，她的目标就致力于成为第一位专职的打击乐独奏家，并且为打击乐独奏谱写和改编了很多乐章，因为那时几乎没有专为打击乐而谱写的乐谱。

至今，她作为独奏家已经有十几年的时间了，因为她很早就下了决心，不会仅仅由于医生的诊断就放弃自己的追求，因为医生的诊断并不意味着她的热情和信心不会有结果。

为了梦想，我们必须坚定内心的那份力量，否则失去了信念，就将一事无成。伊芙琳·格兰妮的成功不正是说明了这一点吗？在伊芙琳·格兰妮看来，即便是身体出现了问题也无法阻止自己前进的力量，因为她坚信内心的那份执着将会带着自己一路披荆斩棘，创造新的奇迹。

拿破仑在学校读书时，简直是笨得出奇。不论是法语还是别的外语，他都不能正确地书写，成绩也一塌糊涂。

而且，少年的拿破仑还十分任性、野蛮。在拿破仑的自传中，他这样写一个固执、鲁莽、不认输、谁也管不了的孩子："我使家里所有人都感到恐惧。受害最大的是我的哥哥，我打他，骂他，在他未睡醒时，我又像狼一样疯狂地向他扑去。"

不仅如此，拿破仑还袭击比他大的孩子，脸色苍白、体质羸弱的拿破仑却常常让他的对手不寒而栗。

家里的人都骂他是蠢材，外面的人都叫他"小恶棍"。

可是，在这个遭人白眼的孩子的心中，有一种巨大的力量正悄悄地滋长着，成为他后来的梦想。

他朦胧地意识到自己的与众不同，然而他还未真正地认识它。而且，他心中有一种狂妄而任性的想法：要主宰一些东西，做领导者。凡是自己想要的东西，都要归自己所有。

一天天长大的拿破仑开始更成熟地关注自己。他常沉溺于同龄人无法想象的冥思苦想中，他又疯狂地迷恋着各种复杂的计算，他已经学会了用冷静而彻底的理智很好地控制自己的行动。

他惊奇地发现自己表现出来的出色的思考能力，第一次真正地认识了自己。

他的行动变得果敢而敏捷，富于抗争精神。

一种崭新的渴望点燃了他生命的热情，终于有一天，他明确无误地告诉自己："是的，我具有最出色的军事家的素质。权力就是我要得到的东西！"

清醒的自我意识一旦形成，便发挥出巨大的推动作用。拿破仑在成功之路上连战连捷，势如破竹。

35岁时，他登上了法兰西第一帝国皇帝的宝座。

朋友们，也许我们能力有限，也许我们在很多地方条件受限，但是这些都不是自己放弃理想的理由。因为只要有梦想，你就有了战胜一切的雄心壮志，你将会爆发出不断让自己前进的力量。中国当代著名作家、社会活动家丁玲曾经说过："人，只要有一种信念，有所追求，什么艰苦都能忍受，什么环境也都能适应。"当人有了坚定不移的信念的时候，欢乐就可以绽放成灿烂的花朵。

不只要有梦想，还要为梦想付出行动

阿·安·普罗克特说过这样一句话："梦想一旦被付诸行动，就会变得神圣。"是啊，如果只说不做，言行不一致的话，梦想是无法变成现实的。现实生活中很多人都在诉说着自己的梦想，憧憬着自己的未来，可是真正去实践的又有几个呢？梦想和现实的距离其实只差那么一小步，那一小步就是行动。假如你不去付诸行动，那么再伟大的梦想也终究是一场梦罢了；假如你不迈开双腿向目标迈进，再诱人的成功也只是南柯一梦。

史蒂芬·斯皮尔伯格在36岁时就成为世界上最成功的制片人，电影史上十大卖座的影片中，他个人囊括4部。他怎么能如此年轻就有此等成就呢？他的故事实在耐人寻味。斯皮尔伯格在12岁时就知道，有一天他会成为电影导演。在他17岁那年的一天下午，当他参观完环球电影制片厂后，他的一生改变了。那可不是一次不了了之的参观活动，在他得窥全貌之后，当场就决定要怎么做。他先偷偷地观看了一场实景电影的拍摄，再与剪辑部的经理长谈了1个小时，然后结束了参观。

对许多人而言，故事可能就到此为止，但斯皮尔伯格可不一样，他有个性，他知道自己要什么。从那次参观中，他知道得改变做法。

于是第二天，他穿了套西装，提起他老爸的公文包，里面塞了一个三明治，再次来到摄影现场，装作是那里的工作人员。他故意避开大门守卫，找到一辆废弃的手拖车，用一块塑胶字母，在车门上拼成"史蒂芬·斯皮尔伯格""导演"等字。然后他利用整个夏天去认识各位导演、编剧、剪辑，终日流连于他梦寐以求的世界里，从与别人的交谈中学习、观察并产生出越来越多关于电影制作的灵感来。

第05章
停止被动的人生，跟眼前的苟且做个告别

他终于在20岁那年，成为正式的电影工作者。环球制片厂放映了一部他拍的片子，反响不错，于是与他签订了一纸7年的合同，使他得以导演一部电视连续剧。

斯皮尔伯格明白，唯有努力地付出和艰苦的学习才会让自己的梦想绽放，才会将不可能的事情变成可能的现实。他做到了，他用自己的实际行动证明了自己的实力。

有一个这样的故事：

有两个人找到上帝，问道："我们怎样才能变成天使？"上帝对这两个人说，很远处有一座山，希望这两个人可以到那里考察，并把各自的感受告诉他。之后，他便把如何变成天使的秘诀告诉他们。两个人听完后便离开了，并约定10年后再与上帝相见。

那座山位于一个孤岛之上。两个人费尽千辛万苦来到了这里。他们一起攀上了山顶，才发现这座山竟然是一个不毛之地。四周光秃秃的一片，没有一棵树，也没有一株草，满眼只是坚硬的石头。第一个人看到后，认为自己受到了戏弄，千里迢迢地来到这里，却一无所获，于是愤然离去。

而第二个人却相反。他见到此地如此荒凉，便到附近的山上采集来各种各样的种子，然后把它们播撒在山上。慢慢地，山上泛出了淡淡的青绿。原来死气沉沉的地方逐渐现出了生机。他十分高兴，于是更加卖力地工作，十年时间，从未间断。

十年之后，上帝出现了，问两人有何感受。第一个人委屈地说："我历尽千辛万苦到了那里，但见到的只是一堆光秃秃的石头。"上帝转过头去问第二个人，只见那个人神秘地一笑，说道："不对，那是一座青山。"第一个人听到之后对上帝说："他在撒谎，那里明明就是一块不毛之地。"

上帝没有说话，只是把他们带到了那里。令第一个人感到不可思议的是，他的眼前出现了一幅美景：青葱的树林，满山的果香，还有各种各样的动物在那里快乐地嬉戏，一片生机盎然的景象。他简直不敢相信自己的眼睛。这时，上帝指着第二个人对第一个人说："看见了吧，这就是天使！"

第一个人后悔不已。但是他明白了一个道理："如果积极地行动，任何一个人都可能成为天使。"

为什么有的人看似一生踌躇满志，不断规划着自己的前途和人生的道路，却终究一事无成呢？其实这些人应该反思一下自己，到底有没有行动，有没有为之拼尽全力。有理想固然是好的，但是不去行动的话只能是空口白话，没什么结果。此刻，请你开始行动起来吧！拿出笔和纸，列出接下来一步步的行动和步骤，然后按照制订的行动和步骤一步一步地走下去。今天马上行动，明天也不能懈怠！每天都要持续地行动，这样的步伐才会让你处于前进的状态！

第06章
CHAPTER 06

驾驭你的情绪，心性平和方能远离浮躁

心情的舒畅与豁达是自己创造的，美好的人生也是靠自己努力得到的。要想好情绪时刻相随，我们就要学会用一颗平常心来对待生活，做到不急、不怒、不浮躁。人生难得保持一颗平常心，这是一种极高的修养，也是一种处世的智慧，为此我们需要做的还有很多。因此在生活中我们要学会调节自己的情绪，遇到问题不要着急乱了分寸，处事冷静而理智，远离浮躁，不要预支自己的烦恼，慢慢地我们的心就会越发平静。

烦恼皆自找，庸人自扰之

美国小说家德莱塞曾说："不要无事讨烦恼，不作无谓的希求，不作无端的伤感，而是要奋勉自强，保持自己的个性。"生活中很多人总是爱自寻烦恼，遇到问题总是胡思乱想，本来事情非常简单，但是他就会把它无限度地扩大，结果使自己陷入无尽的恐惧与烦恼中；跟他人有矛盾，本来别人并非故意，但是他就会把自己的敌意故意投射到别人身上，让矛盾不断激化，因此自己的心里越发地反感与敌视。为什么要把自己困住呢？自寻烦恼的人，不可能有平静的日子。人生中的苦难能不能得到彻底的解脱，主要取决于一个人内心的力量。如果一个人能够保持平和的心态，坦荡地去面对那些所谓的痛苦和磨难，那么他在生活中就不会有烦恼了。

有这样一个经典的故事：

飞机正飞在白云之上。机舱内，空姐微笑着给乘客送食物。中年人细细地品尝，而邻座的年轻人却愁眉苦脸地望着窗外的天空。

中年人颇为好奇，热情地问："小伙子，怎么不吃点儿？这伙食标准不低，味道也不错。"

年轻人慢慢地转过头,不无尴尬地说:"谢谢,您慢用,我没胃口。"中年人仍热情地搭讪:"年纪轻轻的怎么会没胃口?是不是遇到什么不开心的事啦?"

面对中年人热心地询问,年轻人有些无奈地说:"遇到点儿麻烦事,心情不太好,但愿不会破坏了您的好胃口。"

中年人非但不生气,反倒更热心地说:"如果不介意,说来听听,兴许我还能给你排忧解难。"

年轻人看了看表,心想:还有一个多小时才能到目的地,就聊聊吧。

年轻人说:"昨夜我接到女朋友的电话,说有急事要和我谈谈。问她有什么事,女朋友表示见了面再说。"

中年人听后笑了问道:"这有什么犯愁的呀?见了面不就全清楚了吗?"

年轻人说:"她可从来没这么和我说过话。要么是出了什么大事,要么就是有什么变故,也许是想和我分手,电话里不方便谈。"

中年人笑出声说:"你小小年纪,想法可不少。也许没那么复杂,是你想得太多了。"

年轻人感叹道:"我昨天整个晚上都没合眼,总有一种不祥的预感。唉,您是没设身处地,哪能体会我此刻的心情。您要是遇到麻烦,就不会这样开心啦。"

中年人依然在笑,"你怎么知道我没遇到麻烦事?也许你的判断不够准确。"说着，中年人拿出一份合同，"我是去广州打官司的，我们公司遇到了前所未有的大麻烦，还不知道能不能胜诉。"

年轻人疑惑地问："您好像一点儿也不着急？"

中年人回答说："说一点儿不急是假的，可急又有什么用呢？到了之后再说，谁也不知道对方会耍什么花样。可能我们会赢，也可能一败涂地。"

年轻人不禁有点儿佩服起眼前这位儒雅的绅士来。一晃几十分钟过去，到达了目的地广州，中年人临别给了年轻人一张名片，表示有时间可以联系。

几天后，年轻人按照名片上的号码给中年人打了个电话："谢谢您，张董事长！如您所料，没有任何麻烦。我女朋友只想见见我，才出此下策。您的官司打得怎么样？"

张董事长边笑边说："和你一样，没什么大麻烦。对方已经撤诉，我们和平解决。小伙子，我没说错吧，很多事情要坦然面对，提前犯愁无济于事。"

年轻人由衷地佩服这位乐观豁达的董事长。

这位年轻人不就是"自寻烦恼"这一类人的典范吗？年轻人与这位董事长可谓是形成了鲜明的对比。因为生活中的小事，年轻人愁得无法入睡，而这位董事长对于公司遇到的大麻烦却很坦然地面对。谁都有烦恼的时候，但是每一个人却有着不同的对待方法，虽然人们常说："人无远虑，必有近忧。"

但是对还未发生的事情过于烦恼也是不可取的。因为任何事情都应当有个"度",否则那样会有"杞人忧天"之嫌。所以说,不要总是在心里嘀咕一些还没发生的坏事,努力做好现在才是最重要的。

在生活中,我们经常羡慕一些乐观没有烦恼的人,妒忌他们处处充满阳光的生活。其实,那些乐观的人并不是像我们想象的那样生活一帆风顺,他们的生活中也会有灾难和不幸,只不过是他们有着积极的心态罢了。所以说,看开一点,其实一切没有你想得那么复杂,我们不要自己折磨自己,多学习那些心态坦然的人,那么你的生活就会变得阳光明媚。

先哲说:世界上最宽广的是海洋,比海洋更宽广的是天空,而比天空更宽广的是人的心灵。一个心胸辽阔澄明的人,是不会有那么多烦恼的。不管外界如何干扰你,我们的内心还是需要自己来把控。问题不是靠发愁就能解决的,需要我们用智慧和行动去解决。放宽自己的心吧!倘若心灵一片光明灿烂,那烦恼与痛苦便会远遁他乡。

生活,需要一颗平常心

如果生活真的是一帆风顺,那么没有波澜的日子也许是单调枯燥的,正因为生活有苦有甜,所以我们的日子才更有滋有味，更加绚丽多彩。在跌宕起伏中保持一颗平常心很重要。"不以物喜，不以己悲。"这是古人留下来的至理名言，宠辱不惊，去留无意，在平淡中给自己一份力量，在喧闹中给自己一份宁静。保持平常心，就是保持一种轻松平和的心态，正确地看待自己，宽容地对待别人，努力与周围的环境保持和谐。一个人能够保持轻松平和的心态，就能不被物欲束缚心灵、不被狭隘遮住视线。

山姆是一个画家，而且是一个很不错的画家。他画快乐的世界，因为他自己就是一个很快乐的人。不过没人买他的画，为此他想起来会有些伤感，但只是一会儿时间。

"玩玩足球彩票吧！"他的朋友劝他，"只花2美元就可以赢很多钱。"

于是山姆花2美元买了一张彩票，并真的中了彩！他赚了500万美元。

"你瞧！"他的朋友对他说，"你多走运啊！现在你还经常画画吗？"

"我现在就只画支票上的数字！"山姆笑道。

山姆买了一幢别墅并对它进行一番装修。他很有品位，买了很多东西：阿富汗地毯、维也纳橱柜、佛罗伦萨小桌、迈森瓷器，还有古老的威尼斯吊灯。

山姆很满足地坐下来，他点燃一支香烟，静静地享受着他的幸福。突然他感到很孤单，便想去看看朋友。他把烟蒂往地上一扔——在原来那个石头画室里他经常这样做——然后他出去了。

燃着的香烟静静地躺在地上，躺在华丽的阿富汗地毯上……一个小时后，别墅变成火的海洋，它被完全烧毁了。

朋友们很快知道了这个消息，他们都来安慰山姆。"山姆，真是不幸啊！"他们说。

"怎么不幸啊？"他问道。

"损失啊！山姆，你现在什么都没有了。"朋友们说。

"什么呀？不过是损失了2美元。"山姆答道。

倘若一般人面对如此大的反差，想必心脏已经承受不了了。我们不得不佩服山姆的好心态。是啊，虽然一场大火把他得到的一切意外之财全部烧毁了，但是他只不过损失了2美元，为何要痛不欲生呢？这本来就是幸运得到的，想想确实也没必要。倘若每一个人都如山姆一样拥有如此的好心态，用一颗平常心去看待一切得与失，那么生活中的忧愁与烦恼想必会少很多。

烈日下，有一株成熟的蒲公英保持着直立的姿势。它的顶部有一个毛茸茸的球，那是它的种子。它在等待风的到来，只要风吹过，自己的孩子就会随风找到属于自己的那一片土地。

蒲公英感知到了沉闷的空气，知道将会有大风到来。它唤醒了沉睡中的孩子，对它们说："孩子们，大风就要来了。等到风来的时候，你们要用全力随风飞舞。飞到哪里，哪里就是你们未来的家。"

有一粒种子很是害怕，它嘟囔着说道："风要把我们带离，我才不要离开妈妈，我要一直和妈妈在一起。"

蒲公英妈妈笑着说："傻孩子，你已经长大了，你得拥有一片属于自己的天地。"

又有一粒种子小声抽泣起来，它对妈妈说："妈妈，我们在乘风飞翔的时候，并不一定都能找到适合生存的土壤：有的可能跌落到柏油路上，有的可能摔在山石上，有的可能淹没在小溪里……而这些可能极大地降低了我们生存下去的可能性。想起来就觉得十分可怕！"

听到这样的话，其他的蒲公英种子也都泣不成声。为了安慰、鼓舞孩子们，蒲公英妈妈亲切温和地说："孩子们，我们四处为家，没有选择的权利。我们需要的就是保持一颗平常心，无论飞到哪里，碰到什么样的环境，都要在自己降落的位置上拼命地活下去。"

孩子们听了蒲公英妈妈的劝告，点了点头。稍后，一阵风吹过，这些种子便都勇敢地飞向远方，寻找属于自己的天地……

是啊，种子无权选择将飞向哪里，却能够自由选择自己生活的心态——拥有一颗平常心，让自己无论处于什么样的环境都能够生活得更轻松、更快乐！

成功不值得骄傲，那不过是人生的一个驿站，我们不知道走出驿站的下一步是什么；失败不值得伤心，那不过是一不小心走错的一段路，改变方向从头再来。失意不要沮丧，一年四季里，总有风和日丽的时候。拥有一颗平常心并不是口头说说那么简单，需要我们在生活中不断磨炼自己，不断提醒自己，用自己的智慧与行动成就更为坦然的人生。人生在世，生活中有褒有贬，有毁有誉，有荣有辱，这是人生的寻常际遇，不足为奇。古往今来万千事实证明，凡是有所成就者无不具有"荣辱不惊"这种可贵的心态。荣也自在，辱也自在，一往无前，否极泰来。

冲动是魔鬼，三思而后行

冲动，是一种由于受到生活环境中某种刺激而引起的过激行为。如果一个人不能很好地控制自己，那么当他遭遇挫折时，这种过激行为就会很容易爆发出来。冲动是每个人都会有的一种情绪，只不过有的人能很好地克制住自己，而有的人任由自己胡闹，做出无法挽回的事情。冲动，可以说是人性的一大弱点。所以说，每个人都不应该放纵这种不良情绪，要懂得把控自己的情绪，这样自己在遇到问题时才会更加清醒理智、宠辱不惊。

《奥赛罗》是莎士比亚的四大悲剧之一，也曾屡次被搬上银幕。《奥赛罗》是一部多主题的电影作品，包括爱情与嫉妒、轻信与欺骗、欲望与毁灭、异族通婚等人性与社会主题在其中都有深刻体现。

奥赛罗是威尼斯公国的一员黑人勇将，他与元老的美丽女儿苔丝狄蒙娜真心相爱并顶着巨大压力成婚。奥赛罗手下有一个阴险狡诈的旗官伊阿古，一心想除掉奥赛罗。他精心设计挑拨奥赛罗与苔丝狄蒙娜的感情，说另一名副将凯西奥与苔丝狄蒙娜关系不同寻常，并伪造了所谓的定情信物等。奥赛罗信以为真，在愤怒中完全失去理智，掐死了自己的妻子。当他得知真相后，悔恨之下拔剑自刎殉情。

这就是冲动的下场。由于奥赛罗过于冲动，他完全失去了理智，行为已经脱离了大脑的控制，最终他害人害己，遗憾离世。这是一个爱情悲剧，倘若奥赛罗不那么冲动，能好好地去分析事情的经过，保持理智，那么或许就不会有这样悲惨的结局了。

不知不觉间王青青已经在这家公司待了两年半了。一直以来，工作方面还算混得可以，没什么大问题，但是最近的一件事却给自己带来了很大的困扰。因为工作上的问题，王青青和自己的同事张小米发生了一些口角，两个人每天都较着劲，谁也不服气谁。

有一天，王青青心情不是很好。最近张小米接连受表扬，她的业绩远远盖过了一直以来表现突出的自己，因此一中午都是闷闷不乐。中午吃饭的时候，就因为张小米不小心撞到了王青青，她就开始大声斥责张小米。这一吵，使得王青青把自己心中压抑的怒气全都发泄了出来，她指着张小米的鼻子说："你想干什么呀？我看你就是故意的。你不就是最近工作的业绩好受到表扬了吗！了不起了是吧？走路也开始横着走啊！"看着王青青歇斯底里的样子，张小米气得满面通红。张小米怎么也想不明白：虽然我们之间有些口角，但是王青青对我的意见也不至于这么大吧？毕竟，工作的事情是工作的事情，不能上升到人身攻击啊！

又过了一段时间，王青青和张小米所在部门的经理跳槽去另外一家公司了，因为张小米在平常的工作中表现突出，最近给公司带来很大的效益，而且与同事们之间的关系相处得也比较好，所以经理决定升任张小米为部门经理。在所有的部门同事中，王青青是最后一个得知这个消息的。那天，王青青一大早就来到公司上班，却发现同事们都在围着张小米表示祝贺。张小米看到王青青进门，还特意向王青青摆摆手，微笑了一下。然而整整一天，王青青都如坐针毡，她知道，就算张小米不和自己计较，自己那天在一时冲动之中那么说张小米，也是很难再在这家公司上班了。第二天，王青青打电话到公司请了病假，并且让男友把自己的辞职报告送到了公司。

这又是何必呢？因为嫉妒而冲动，骂人是解了一时之气，可是王青青在公司的名声也毁了，最终还付出了惨痛的代价，只能离开公司。其实，王青青与张小米之间的矛盾并没有多大，因为毕竟我们不能因为工作上的事情影响到私人的感情和同事之间的交往。但是，显然，王青青并没有意识到这一点。王青青因为对张小米不太满意，就抓住一些小问题对张小米歇斯底里地发作。这样一来，当张小米升任部门经理的时候，王青青根本没有办法面对作为自己顶头上司的张小米。所以说，遇事不要冲动，即便是身处困境，我们要做的是想办法解决问题而不是发脾气，发脾气是解决不了任何问题的。所以说，不要冲动，凡事三思而后行！

很多问题都是由于一时冲动和鲁莽造成的。如果我们在遇到问题时能保持冷静，有些事缓一缓再做决定，那么很多问题都可以迎刃而解。

要主宰你的人生，先要主宰你的情绪

哈佛大学心理学教授丹尼尔·戈尔曼博士指出："一个人了解自己情绪的能力和控制自己情绪的能力，对一个人未来的影响，比他的智商更重要。"从这句话我们可以看出情绪对于一个人的未来有着不可小觑的影响。人是有情绪的，情绪是伴随着人们的思维而产生的，情绪上或心理上的困扰是由于不合理的、不合逻辑的思维所造成的。情绪如果不加控制，它将会

第06章
驾驭你的情绪，心性平和方能远离浮躁

泛滥成灾，甚至造成无法挽回的损失。我们做人的一个原则，其实就是要求我们控制住自己的情绪。控制不了自己的情绪，就是一个任性的人。一个任性妄为的人是走不了多远的路的。

1997年12月，英国路透社的报纸上出现了一张查尔斯王子和一个蓬头垢面的街头流浪汉的照片。这并不仅仅是查尔斯王子亲民形象的写照，还是一段让人感到惊讶的故友重逢。这位街头游民对查尔斯王子来说不是陌生人，而是老朋友。

原来，查尔斯王子在寒冷的冬天去慰问伦敦的穷人时，意外地碰到了自己儿时的足球球友。当时，查尔斯王子并没有认出他来，而是这位名叫克鲁伯·哈鲁多的游民先开的腔。当查尔斯王子来到他面前时，他说："殿下，我们曾经就读同一所学校。"查尔斯王子仔细地看了看他，却没有认出来，只好困惑不解地问："我们是哪个学校的校友？"他回答说："在山丘小屋的高等小学里，当时我们两个是非常要好的朋友，我和你还曾经互相取笑彼此的大耳朵呢。"

查尔斯王子的同学竟然流落街头，让人看到之后，难免要唏嘘一番。其实，克鲁伯·哈鲁多以前不是这个样子的，他出身于金融世家，就读于贵族学校，后来成为著名的作家。但是，在经历了两次失败的婚姻后，他就在抱怨妻子的冷漠无情中开始了堕落。从此以后，他再也没有兴趣写东西了，而是把大量的时间都用在了酗酒上，常常在喝醉之后号啕大哭，抱怨社会不公平，咒骂妻子不忠诚。时间久了，他把所有的家产

都败光了，不得不走向街头成了一个食不果腹、衣不遮体的流浪汉。

一个成功的人必定是一个有良好控制能力的人。控制自我不是说不发泄情绪，也不是乱发脾气，过度压抑会适得其反。良好地控制自我就是不要凡事都情绪化，任由情绪发展，而是要适度控制，这是一种能力的体现。克鲁伯的失败不再于其他方面，而是由于没有控制住自己的情绪，任由自己在失败的婚姻中堕落，不断地酗酒，才导致一步步丧失人生的斗志。他没有把控住自己的情绪，被负面情绪包围，因而无法主宰自己的命运。

大学毕业之后小雨来到一家出版公司面试编辑，经过一番考核，她以优秀的表现战胜了其他的有经验的面试者。周一，小雨来到公司上班，刚开始她就感觉很不适应，特别是那些排版人员、老编辑、文案之类的人动不动就使唤她去打杂，小雨就会不由得"怒从心头起"，觉得很没尊严。

其实在面试的时候主编已经跟小雨打过招呼，预见过这种情况的发生，但是事情真的发生的时候，却没有想象中那么容易控制自己的情绪。有时候，小雨非常生气地做着一些工作，又要笑容可掬地向有关人员汇报说："您好，任务已经完成了，您看看是否合适？"这样反复扮演着违心的角色，时常令性情暴躁的小雨自己都感到恶心。有一次，小雨实在忍无可忍，就跟同事吵了起来，这件事情过后，其他的人也不再与小雨交流。

有一次，主编忙不过来，就点名叫小雨到他办公室去整理一下办公桌，打印一些资料，并让小雨沏一杯茶。虽然不情愿，但是主编招呼了，小雨只好硬着头皮去了，主编一眼就看出了小雨的不满，一针见血地指出："小雨啊，你是不是很不乐意做这些事情呢？其实这些是你必须做的，在你打杂的过程中你不断地与同事接触，这样就会很快融入到公司里。此外，你认为做的都是打杂，其实这是熟悉业务的过程，这能很快让你了解到公司的各个环节，你必须从这些做起。"

小雨顿时间明白了许多，她的脸瞬间红了下来。于是她抓紧投入到工作中。

开始整理主编的桌子的时候，小雨发现桌子上有一盆黄沙，细细柔柔的。小雨觉得奇怪，不知道这是干什么用的。

主编似乎又看出了小雨的疑虑，伸手抓了一把沙，握拳，黄沙从指缝间滑落。他神秘地对小雨一笑，说道："小雨啊，每个人都有负面情绪的，我也不例外。其实，我以前和你一样，但是我早已学会控制情绪，不然怎么能熬到今天这个主编的位置呢！"

原来，那一盆沙子是用来"消气"的。一旦主编想发火时，可以紧握沙子，它会舒缓一个人紧张激动的情绪。临走时主编拍拍小雨的肩膀说："控制不住自己的情绪，你就无法把控自己的人生方向。"

学会控制情绪，也就是学会变得成熟。善于控制情绪是一个人成熟的表现。成熟就是以一种包容、平和的心态面对生活，而不是像个幼稚的小孩子。你可以这样去暗示自己：无论面对怎样的人生处境，总是有一种最好的选择。我要用理智来控制情绪，而绝不能让情绪主导我的行动。只要我善于控制自己的情绪，我就是战无不胜的人。

静下心来，不被浮躁干扰

《读者》有一篇非常优秀的文章叫《大器》，作者是琴台。内容如下：

在电视上看到小提琴的制作流程，心有所动。

制作一把精美的小提琴，木料的选择是关键。木匠在选择木料时，非常在意年轮的多少。在他们看来，每棵历经岁月洗礼的大树中都藏着一个精灵，而这个精灵，正是一把小提琴的灵魂。

选准了木料之后，木料要在阳光下风干两年，使含水率低于10%。风干的木料被切割成木板之后，放入一个漆黑的、终年不见阳光的房间，好像大师的闭关修炼，根除杂念，凝聚精魄。这段静默岁月要持续四到五年。经过这么长时间的韬光养晦，本来混沌的木板逐渐有了灵异之气，凝聚在木头中的精魄变得纯净而空灵。万籁俱寂中，那些曾经在大自然中吐纳的自然之气和百鸟之声，沙漏一样滴滴答答地从木头中渗透出来。老练的木匠，这时可以从一块普通的木板中，听出一把小提琴的音质。

这样的修炼，极易让人联想到世人眼中的"大器"。

舍得放弃纷繁红尘中的诱惑和热闹，舍得放下你侬我侬中的情深和意长，舍得让自己从一个八面玲珑、颇受欢迎的"人精"蜕变成呆若木鸡、锦衣夜行的隐者，除此，还要忍受漫长的寂寞和孤单，面对随时来袭的彷徨和绝望、讥讽和嘲笑……而这样的人，注定是不多的。他的内心，时刻都有灵魂的清越之声在激荡，这是命运赐予追梦人的最崇高的现世享受。而这样的清越之声，有的人一辈子都无从知晓。

文章字字句句发人深省，可谓是颇有深意。在这个物欲纵流的社会里，又有多少人能够按捺住自己的那颗浮躁不堪的心啊！都想成大器，可是谁又能坚守住自己的梦想，谁又能耐得住寂寞，谁又能厘清自己的头绪。遇事沉住气，处事不浮躁，想必这是一个成功者必备的素质吧。

1946年，他17岁，辞别舅父，开始自己的创业道路。结果他屡遭失败，几次陷入困境。但这个时候，他仍然不浮躁、不悲观，而是踏踏实实地一步一步往前走。终于，1950年夏，才22岁的李嘉诚创立了长江塑胶厂。这也是他稳健地观察和思考的结果。他通过分析，预计全世界将会掀起一场塑胶花革命，而当时的香港，塑胶花是一片空白。可以说，他有审时度势的判断力。而这审时度势的判断力，亦来自于他的稳健与不浮躁。在工厂经营到第七个年头的时候，李嘉诚开始放眼全球。他大量寻求塑胶世界的动态信息。一天，他翻阅英文版《塑胶杂志》，读到一则简短的消息：意大利一家公司已开发出利用塑胶原料制成的塑胶花，并即将投入生产，向欧美市场发动进攻。于是他推想，欧美的家庭都喜爱在室内户外装饰花卉，但是快节奏使人们无暇种植娇贵的植物花卉，外形相似的塑料插花可以弥补这一不足。他由此判断，塑胶花的市场将是很大的。他又更长远地看到，欧美人天性崇尚自然，塑胶花的前景不会太长。因此，必须抢先占领这个市场，不然就会失去这个机遇。于是，李嘉诚以最快的速度办妥赴意大利的旅游签证，前去考察塑胶花的生产技术和销售前景。正是由于他的这种稳健的工作作风，一条辉煌的道路由此铺开。从意大利回来，他就立即出重金聘请塑胶专业人才，开发技术，抢先生产出塑胶花，又迅速地占领并巩固了市场。在此之前，他早已料到其他厂家也会一拥而上、东施效颦，所以他采用低价位迅速抢占这一市场的策略。这样，等追随者跟来，他已站稳了脚跟。塑胶花使长江实业迅速崛起，李嘉诚也成为世界"塑胶花大王"。

正是凭着这种稳健、不浮躁的心态李嘉诚不断扩大自己的生产规模，最终成了华人首富。

一个稳健、不浮躁的人，需要不断地严格要求自己、完善自己，使自己不断适应时代与社会的发展变化。只有这样的人，才能最终把握机遇，掌握自己的命运。

过于浮躁不仅阻碍人生的发展，对于自己的身体健康也是一种极大的危害，所以说及时走出这种困扰对于我们的身心健康意义重大。而在这个过程中，战胜浮躁的关键就在于自己是否能明白自己想要的到底是什么。这就需要我们放平心态，正本清源。无论身居何位，都不要盲目攀比，更不要唯利是图。我们要学会反思，时刻检查自己最近的目标有没有达成，自己的生活状态是否正常，心态是否积极向上。反思的过程是一种对自我的新的定位，也是一种校正方向的必备过程。此外，我们要认识到浮躁心理产生的原因，通常浮躁的产生大多数是由于压力太大，头绪太多，或选择太多，节奏太快造成的。因此，要暂时告别压力太大的社会环境，到大自然中去放松身心，徒步旅行，倾听自己内心的声音，明白自己真正想要的是什么。我们还可以多培养一些兴趣爱好，不仅能从中学到很多的东西也能充实自己的生活，慢慢地我们的内心也就变得平静而沉稳。

你不能掌控人生，但能左右你的心情

英国圣公会主教的墓碑上写着这样的一段话："在我年

轻的时候，我曾梦想改变整个世界。可当我成熟以后，我却发现，我不能够改变整个世界。于是，我将目光放短了一些，那就只改变我的国家好了！可当我到了暮年的时候，我发现我根本没有能力改变我的国家。于是，我最后的愿望仅仅是改变我的家庭、我亲近的人，但他们根本不接受改变。当我行将就木地躺在床上的时候，我才突然意识到，如果起初我只改变我自己，接着我就可以依次改变我的家人；然后，在他们的激励下，我也许就能改变我的国家；再接下来，谁又知道呢？也许我真的连整个世界都可以改变。"当你觉得你和外在环境格格不入的时候，当你总是觉得事事不顺的时候，不要继续烦闷下去了，我们要明白改变别人、改变环境是很难的，这时候不如改变自己吧！你无法改变天气，但你可以改变心情；你无法延伸生命的长度，但是你可以拓宽生命的宽度。希望我们都能不断完善自己，时刻保持健康向上的良好情绪。

中国台湾画家黄美廉，从小就患上了脑性麻痹症。这种病的症状十分惊人，因为肢体失去平衡感，手足会时常乱动，口里也会经常念叨着模糊不清的词语，模样十分怪异。医生根据她的情况，判定她活不过6岁。在常人看来，她已经失去了语言表达能力与正常的生活能力，这辈子不会有前途，更不会有幸福了。但她却坚强地活了下来，而且凭着顽强的意志和毅力考上了美国著名的加州大学，并获得了艺术博士学位。她靠手中的画笔，还有很好的听力，抒发着自己的情感。

第06章 驾驭你的情绪，心性平和方能远离浮躁

黄美廉出名之后，有很多学校慕名邀请她去做励志演讲。在一次演讲中，有一个学生贸然向她提出了一个很不礼貌的问题："黄博士，您从小就长成这个样子，请问您是怎样看待自己的？您对命运、对生活有过怨恨吗？"在场的人听了之后，都觉得这个学生太不懂事了，竟然问出这么大不敬的问题。不过，黄美廉并没有半点儿不高兴，她转身用粉笔在黑板上写下了几行字：

一、我好可爱！

二、我的腿很长、很美！

三、我的爸爸妈妈都很爱我！

四、上帝这么爱我！

五、我会画画！我会写稿！

六、我有一只可爱的猫！

忽然，教室内变得鸦雀无声，非常安静。等她写完转过身来的时候，人群中爆发出热烈而又持久的掌声。

不管外界如何看待自己，不管自己先天条件多么不足，黄美廉始终保持自己的微笑。正如她所说的："我只看我所有的，而不是看我没有的。"是啊，何必自寻烦恼呢？事实无法改变，悲伤过度也于事无补，既然这样为何不去开心一点地活着，多看看自己的优点呢？很多事情你是无法改变的，但是你可以调整自己看待问题的心态，心态好了，你的世界才会更加明朗。

我们左右不了风,但是我们有聪慧的大脑可以思考克制风的方法。所以说,与其抱怨生活的艰难,不如用自己的行动去改变它。当事情朝着自己改变的方向发展时,我们的内心也会变得更加积极主动,遇到困难也就不再畏惧或沮丧了。

第07章
CHAPTER 07

不为失败找借口，只为成功找方法

> 未来如何？这一切其实都把握在你自己的手上。未来不会因为你的抱怨而变得更好一点，未来需要你一步步去努力争取。不要对自己说"不可能"，这种找借口的行为不是一个有出息的人说的话，所以我们要大声地对自己说一句"我能行"。因为积极向上才是一种健康的心态，而消极被动却是一种极具危害的心理状态。没有人的人生会一帆风顺，要相信你的不顺，正是你成长道路上经受历练的一个契机。

努力做事，只找方法不找借口

洛克菲勒曾说："在我看来，借口是一种思想病，而染有这种严重病症的人，无一例外都是失败者。当然，一般人也有一些轻微症状。但是一个人越是成功，越不会找借口。处处亨通的人，与那些没有什么作为的人之间最大的差异，就在于借口。"是的，遇到麻烦，有的人想到的是怎样想办法解决，而有的人想到的却是怎么去找借口推脱。差距如此之大，所以就存在着成功者和失败者，因为他们处事的态度不同，所以面临的结果也就不同了。

杰克最近听到一个消息，自己马上就要被公司辞退。他一直非常地懊恼，后来这个消息被证实的时候，杰克怒气冲冲地来到经理办公室，想要找经理理论。刚见到经理，杰克就开始喋喋不休地抱怨起来，他认为经理从来没有给过自己表现的机会。

经理问他："杰克，你说我从来没有给过你表现的机会，那你为什么不去争取呢？机会也需要自己去争取的啊！"

"不，经理，我争取过！"杰克反驳说，"可是经理你知道吗？我不认为，那次外派是表现我才华的机会。"

"哦？"经理来了兴趣，"我不明白你具体什么意思，你能说得详细点吗？我想知道这是什么时候发生的事。"

杰克就开始絮絮叨叨地说："您还记得吗？前些日子，我被外派，可是您考虑过没有，我年纪也不小了，在这里工作的业绩也不错，公司这样做，是不是浪费人才啊？因此我就拒绝了！"

经理望着杰克，说道："我想说的是，杰克，难道你从来没有想过那是一次机遇？"

面对经理的回答，杰克的底气还是那么足，他说："不不不，经理，我并不这么认为。咱们公司的职位有很多很多，为什么非要把我发配到那么远的地方去呢？而且你也知道，我们这里的很多职位我都可以胜任，也一定能做出很好的业绩的啊！而且，大家都知道，我的身体不好，不适合去那么偏远的地方，那样真的是太折磨我了。"

"原来如此！"经理微笑着摇了摇头，"好吧，杰克，既然这样的话，我觉得没有人能够帮助你的！"

借口实在是太多了，只要你想推辞，难道还怕没有理由吗？杰克不就是一个活生生的例子吗？不管经理怎样回答，他总能找出一大堆的理由搪塞，这样麻烦的员工，哪家公司雇佣得起呢？在很多时候，借口就是在这么赤裸裸地诱惑着我们。一个人如果没有了责任感，没有了上进心，那么他总是能为自己的不如意找到借口的，这样的人终究是会被淘汰的。

李成和刘海乐今年刚刚毕业，他们同时来到一家公司实习。有一次，领导分别给他们安排了一项任务，让他们在规定时间内完成。李成思维比较敏捷，但做事喜欢偷懒，接到任务后他觉得这应该是别的有经验的人做的工作，所以自己做得差一些也没关系。于是李成就把领导布置的任务马马虎虎地做完了，根本没放在心上，之后便置之不理。刘海乐做事踏实、认真，但是做事速度有些慢，赶期限前刚刚完成任务。到了规定时间，李成交了任务，领导看了看，便说："李成，这工作是你做的吗？简直是太草率了！"李成说："经理，我今年刚刚毕业，很多事情的处理上出现一些不足是很正常的，您不能把我和有经验的人相比，这样是不公平的。再说，我真的是很努力去完成这项任务了。"领导听后，非常不满，本来李成没能很好地完成任务已经让领导很不高兴了，他的一系列的借口更是让领导反感。然后刘海乐将任务交给领导说："经理，很抱歉，我非常认真地对待这次您安排的任务，不好意思的是我做得有点慢，但我尽力达到了您的要求，请您指正。"领导接过刘海乐的任务，看了看，说道："嗯，海乐，可以看出你真的很认真地对待这个任务，做得挺好。有创意，观点阐述得很细致，以后要总结经验，把速度赶上来，这样你就会越来越优秀的。"之后，领导便安排刘海乐留了下来，辞退了李成。

李成和刘海乐的故事告诉我们，一个人总是为自己找借口真的是一种非常不负责任的表现，也是一种对他人的不尊重。

李成对待工作不想着怎么去努力,只是为自己的懒惰与不负责任找借口,这样做是不会被公司接受的。刘海乐同样对领导安排的任务感到棘手,但是他却不像李成那样找一大堆的理由为自己开脱,而是专心地去寻找解决问题的方法,认真对待,不断完善,这样的人才会得到领导的赏识。

借口仿佛是一个用温情掩饰的陷阱,能消磨人的斗志,或让你遗忘自己的责任所在。而找任何借口都是一种推卸责任的表现。在责任和借口之间,选择责任还是选择借口,都体现了一个人的行事风格和生活态度。

朋友们,如果你们有这样的习惯,一定要记得抓紧改正,否则你在工作和生活中将原地踏步甚至不断后退。如果出现问题不是积极主动地去以解决,而是千方百计地寻找借口,那么你的工作就会拖沓,以致没有效率。借口不是你的保护伞,它会害了你,让你失去前进的动力,变得没有责任心,总是想一些乱七八糟的理由掩饰自己的内心。长此以往,借口成了习惯,人就会疏于努力,不再想方设法争取成功了。

面对人生,你的心态如何

从成功学的角度来看,人的心态有两种:积极的和消极的。拥有积极心态的人总是能够通过自己的努力行动不断取得成功，而消极的人则恰恰相反，他们总是被内心的悲观所打败。一个人成功的原因很多，其中积极想法和乐观心态则占据着很大的比重。

积极给人带来的是更多的快乐与幸福，相信每个人都在追求着快乐，那么那些处于悲观中的人们为何不努力变得积极一点呢？快乐藏在每个人的内心深处，只要我们积极地面对人生，就不怕被悲伤打败。朋友们，积极与消极两者之间只看你如何选择，希望每一个人都能明白其中的道理。

巴雷尼很小的时候得了一场大病，因此落下了残疾。看着可怜的孩子，母亲的心如刀割一般，她哀叹上帝的不公，自己的孩子是如此的不幸。她知道，孩子现在最需要的是鼓励和帮助，而不是妈妈的眼泪，她必须给予孩子信心和力量。坚强的妈妈忍住了自己的悲痛，走到了巴雷尼的面前，拉着他的手说："孩子，妈妈相信你是个有志气的人，希望你能用自己的双腿，在人生的道路上勇敢地走下去！巴雷尼，你能够答应妈妈吗？"

母亲的话，像铁锤一样撞击着巴雷尼的心，他"哇"的一声，扑到母亲的怀里大哭起来。

从那以后，妈妈只要一有空，就帮巴雷尼练习走路，做体操，常常累得满头大汗。有一次，妈妈得了重感冒，她想，做母亲的不仅要言传，还要身教。尽管发着高烧，她还是下床按计划帮助巴雷尼练习走路。黄豆般的汗水从妈妈脸上淌下来，她用干毛巾擦擦，咬紧牙，硬是帮巴雷尼完成了当天的锻炼计划。

体育锻炼弥补了由于残疾给巴雷尼带来的不便。母亲的榜样作用，更是深深影响了巴雷尼，他终于经受住了命运给他的严酷打击。他刻苦学习，成绩一直在班上名列前茅。最后，巴雷尼以优异的成绩考进了维也纳大学医学院。大学毕业后，巴雷尼用全部精力致力于耳科神经学的研究。

1915年，罗伯特·巴雷尼被授予诺贝尔生理学或医学奖。

心态决定人的命运，就如巴雷尼练习走路一般，即便身体残疾也阻挡不了自己前进的步伐。所以说，假如你觉得身体很重要，你会制订一些锻炼身体的目标，开始做一些促进健康的事情；假如你觉得财富很重要，你会想办法赚更多的钱，去积极地行动，让自己积累财富；假如你觉得快乐最重要，在悲伤的时候，你就劝勉自己，让心灵再次洒满阳光。所以，要真正改变一个人的行动，就必须改变他的价值观，改变他的心态。

在《古今医案》中记载了这么一个故事：

有一个叫朱洪元的秀才，名落孙山之后，心里很苦闷，于是他就选择借酒消愁。

半夜时分，秀才感到口渴，起来想要喝水。他看到院子里的石槽中有水，就使劲喝了一通。天亮之后，朱秀才来到院子，看到石槽内有红色小虫。他立即想到了昨晚喝了不少这样的水。于是，他就怀疑自己的肚子里有虫，并且有很多。他请了几个大夫，但是大夫都无能为力。

后来，有一个道士听说了这件事，就决定要帮助他。道士找来了红线，并且将红线按照小虫的大小剪成一段一段的。之后，道士将红线段和巴豆一起煮，做成了药丸。朱秀才吃了道士的药丸，感到腹痛，于是就去上厕所。他发现排泄物中有许多红色的东西。朱秀才将这个情况告诉给了道士，道士听了说："你身体里面的红色小虫子都排出来了，不久你的病就会好的。"果然没过多久，朱秀才觉得自己好了起来，心里的疑虑也没有了。

看完这个故事，我们应该明白消极心态有多么的可怕了，对一个人的心理和生理都有着不良的影响。如果一个人长期处于消极状态，那么他的生活将会受到很大影响，没有希望，没有斗志，也没有幸福感可言。

生活中需要热情，快乐更是由热情点燃的。当你对生活全身心投入的时候，那份专注的热情就会持久地温暖你的心，使你获得燃烧着的快乐和付出后的满足。但凡杰出人才，都有一个突出的特点，就是能够保持积极的心态：他们遇到苦难能够看得开，积极地去克服；他们对待工作不怕吃苦，用激情和努力过好自己的每一天；他们待人热情而又宽容，不斤斤计较而又与人为善……

总之，积极的心态让我们更容易取得成功，所以，保持一个积极的心态，就是为自己走向成功提供了保证。

第07章
不为失败找借口，只为成功找方法

"我能行"是一种积极的心理暗示

20世纪著名喜剧大师卓别林曾经说过这样一句话："人必须相信自己，这是成功的秘诀。"不要看轻了这句话的分量，相信自己，我们做到了吗？很多时候，我们做不到，所以我们错过了成功。有的人喜欢说"我不行"，而有的人则喜欢说"我能行"，只是一字之差，其中给人带来的力量却是千差万别。喜欢说"我不行"的人总是无形中给自己灌输消极思想，本来可以做到的事情，却因为自己的不自信怎么也做不好；喜欢说"我能行"的人，总是无意间能发现惊喜，因为时刻的自我鼓励，会让自己变得勇敢而又上进，总是不断激发自己的潜力，攻破一个个难关，学到越来越多的本领。所以说，不要轻易否定自己的能力，为自己的心灵设限。很多时候，阻碍我们进步的，不是我们的能力，而是我们消极和不自信的心态。

罗斯福年轻时，洒脱俊秀，才华横溢，深受人们的爱戴。某日，罗斯福在加勒比海度假，游泳时突然觉得腿部麻木，动弹不得，经他人挽救才避免了一场悲剧的发生。大夫诊断后证明罗斯福得了"腿部麻木症"，大夫对他说："这可能会严重影响您正常地行走。"罗斯福并未被大夫的话吓倒，反而笑呵呵地对大夫说："我还要走路，并且我一定能走入白宫。"

首届总统竞选时，罗斯福对助手说："请安排一个大讲坛，我要让所有的选民看到我这个患麻木症的人叫以'走'上台演讲，而无需什么手杖、轮椅！"当天，他穿着笔挺的西装，眼神充满自信地从后台走上演讲坛。他每次的举步声都让在场的人深深地意识到他坚强的意志及信念。

后来，罗斯福成为美国历史上首位连任四届的伟大总统。

罗斯福总统那坚定的步伐正是他自信的表现，他用自己的每一步向人们传达了自己不服输的精神和内心那份坚定的信念。如果你相信自己能行，并加以行动，那么成功就在你的不远处等着你。倘若你自己都不相信自己，觉得自己不行，那么你已经在后退了，更不用说什么成功了。

一个年轻的墨西哥女人跟随着丈夫移居美国，她心里充满了对丈夫的感激，因为他将要带她面对一种崭新的生活，而且她相信，这种新生活是快乐的，是轻松的，是充满希望的。

然而，还没有抵达美国，丈夫就不明原因地离她而去，留下束手无策的她和两个嗷嗷待哺的孩子，前途一片迷茫，她不知道下一步何去何从。22岁的她和孩子在寒冷的冬天里孤立无援，饥寒交迫。然而，两天的迷茫之后，她还是做出了一个艰难的决定，前往加州，即使那里没有一个亲人和朋友。于是她用仅剩的一点钱毅然决然地买了去加州的火车票。

刚到加州的时候她一无所有，在她的一再央求下，一家墨西哥餐馆答应让她在那里打工，而她辛辛苦苦地从早到晚，收入不过只有几块钱，但是她很知足，因为她和孩子都还很健康地活着。同时，她省吃俭用，努力挣钱，也试图在寻找属于自己的工作。

后来,她开了一家墨西哥小吃店,专门卖墨西哥肉饼。有一天,这个年轻的墨西哥女人拿着辛辛苦苦攒下来的一笔钱,跑到银行向经理申请贷款,她说:"我想买下一间房子,经营墨西哥小吃,如果你肯借给我几千块钱,那么我的愿望就能够实现。"

一个陌生的外国女人,没有任何财产作抵押,更没有可以给她做担保的亲戚朋友,而她自己都不知道能否成功。但是很幸运,这家银行的经理很佩服她的胆识,决定冒险投资一把……15年以后,这家小吃店发展壮大后成为美国最大的墨西哥食品批发店。

她就是拉蒙娜·巴努宜洛斯。

拉蒙娜·巴努宜洛斯常常挂在嘴边的一句话就是:"我能行,因为我相信我能行。"相信自己,那么一切皆有可能。没有自信,就没有勇气去战胜生活的磨难;没有自信,就无法寻找人生的出路;没有自信,就无法激发出自己体内的潜能与智慧。最终她克服了一切艰难险阻获得了成功。

每个人的道路都不会一帆风顺,这是挑战也是机遇,更是证实自己实力的一个机会。其实许多伟人成功的例子不也是如此吗?爱迪生相信自己,在被老师看作差生、在多次实验失败之后,他依然相信自己一定能行。结果,他真的实现了梦想,发现了钨丝。居里夫人是怎么发现镭元素的?很简单,她用勤奋，加上自信，才成就了一个奇迹。每当失败来临的时候，他们选择的不是放弃，而是坚信自己能做好！这是一种信念，也是一种力量！

你要有为自己的行为负责的魄力

有时候我们犯了错，可能会因为害怕老师的责备、家人的失望或是老板的责罚而撒谎，推卸本应自己承担的责任，而且事后不管事情是否朝着你希望的方向发展。这时的你心安吗？内疚吗？悔恨吗？是你做的就要承认，不要推脱，敢作敢当是人的一大优秀品质，推卸责任是懦弱的的表现。我们要学会对自己的行为负责，这样自己的内心才会舒坦、安宁。

卢梭是法国著名的革命家、哲学家。但是他小时候做过的一件事情却让他后悔不已。卢梭为了生存，经人介绍，在一个富人家里干一些杂活。一天，这家的女主人去世了，家里非常混乱。卢梭乘机偷偷拿了这家小姐的一条绣带，没有人发现是他拿了。卢梭当时只是觉得好玩才拿的，也没有特意藏起来，一段时间后别人发现了这件事。老管家把卢梭叫到跟前，拿着那条绣带问卢梭："这条绣带是哪里来的？"

卢梭当时非常紧张，好半天才吞吞吐吐地说："是马里翁送给我的。"

第 07 章
不为失败找借口，只为成功找方法

马里翁是家里的厨娘，比卢梭大几岁，不但人长得漂亮，而且有一颗善良的心。大家都很喜欢她。没有人相信马里翁偷了绣带。于是，管家又把那个姑娘叫来，让她和卢梭当面说个清楚。卢梭由于做贼心虚，指着马里翁抢先大声地说："就是她！绣带是她给我的！"

马里翁吃惊地瞪大眼睛看着卢梭，半天才缓过神来，对管家说："不是的，管家。我根本不知道这件事。我也没见过这条绣带。"

卢梭仍然硬着头皮说："你骗人，绣带就是你送给我的。"

马里翁委屈地望着卢梭，说："卢梭，求你说实话，可不要因为一条绣带断送了我的前途啊！"

卢梭虽然知道这样诬陷他人是不对的，可是又不敢说这是自己的错，只好继续很无耻地指控马里翁。

马里翁很气愤，对卢梭说："卢梭，我原来以为你是个好人，想不到你如此冤枉好人。我看错你了。"

她转过头去，继续为自己辩解，把卢梭冷落在一边。因为她不屑于和这样不诚实的人争论。

由于卢梭和马里翁都不承认是自己偷拿了绣带，管家只好同时辞退了这两个人，并且说："撒谎者会受到良心的惩罚的，它是会为无辜的人找回公道的。"

老管家说得对极了，卢梭从此受到了来自良心的强烈谴责。他时常会想起马里翁那双无辜而善良的眼睛。一想到由于自己的不诚实，使她丢掉了工作，又被强行扣上"小偷"的黑锅，并且很难再得到他人的信任以找到合适的工作，卢梭就万分歉疚，好像千万条小虫子在咬他的心一样。

卢梭逃避了自己犯下的错误，反而错上加错，诬陷了善良无辜的马里翁。他逃脱了法律的制裁，却没有逃脱良心的谴责，这种痛苦伴随着卢梭的一生。如果再给卢梭一次机会，他一定会老老实实地告诉老管家："对不起，先生，是我拿的。这是我的错，这件事情与马里翁无关。"

40年后，卢梭把这件事写到了他的名著《忏悔录》里，目的是提醒我们，做错了事情一定要勇敢地承认并承担责任。不然的话，你将永远为自己的罪行忏悔，永远遭受良心的谴责。

是啊，自己做的事情就要敢于承担，如果我们因为自己的错误而去伤害他人，给他人造成痛苦的后果，那我们的内心也不会安宁。从卢梭的故事中我们也应该得到启示：无论如何，我们不要试图逃避错误、推卸责任，否则你将永远逃不过良心的谴责。你要有为自己的行为负责的魄力。

行动，是验证梦想的必经过程

阿·安·普罗克特有句名言："梦想一旦被付诸行动，就会变得神圣。"是的，成功开始于你的想法，圆梦取决于你的行动。如果一个人连梦想都没有，那么他何谈成功？如果仅有梦想，不知道用实际行动去努力，那么梦想也终究会成为空想。好的想法，其实每个人都会有，但是想法始终只是想法，理论终究也只是理论。如果没有去行动，那么一切都是空的，就会由高谈阔论变为吹嘘。所以，如果你想要改变，那你还等什么，不要再纠结自己该怎样怎样了，迈出你的脚步行动起来吧！只有不断地尝试与努力，你的梦想才会变得更加神圣！

老陈在一家电子厂已经工作6年了，刚进厂时他是一名组装工人，后来慢慢地总算是熬成了一条生产线的小班长，后来就一直固定在了这个位置上。老陈是个聪明的人，又不甘于平凡，不想一直被拴在一个班长的位置上。他想要做一名部门经理，长时间以来老陈一直为了这个职位费尽心力，虽然经理位置几度空缺，但每次老陈都是为别人做了嫁衣。

后来，老陈觉得晋升无望，就想自己出去单干，这样也舒坦。在老陈的心里曾经冒出很多的点子：开家饭店、开个超市、开个网吧……可是老陈有个毛病就是总是把事情想得过于麻烦，本来想了好多个不错的经商出路，但是最后都变成了复杂、庞大的创业计划，但若真要实施起来，又不知道该从何下手。因此，老陈就把这些计划全部搁置了。后来又过去了几年，老陈仍然是在原地踏步，他的那些创业的想法也都变成了泡沫。

后来老陈干脆把创业的念头打消了，又起了另外的念头：

干脆换个工作得了。于是,老陈常把"跳槽"挂在嘴上,一边兴高采烈地谈论跳槽后能有多高的职位、多诱人的薪水,一边发着牢骚。可是叨叨几句之后,他还是没有劲头去做点实际的事情,好像计划又无声地过去了。老陈现在的心情很失落,总是感觉自己能力很强,但是就是遇不到赏识自己的人,所以只好在这个位置上一直雷打不动地待着。本来自己想了好多改善生活的点子,可是最后却都被自己考虑的那些所谓的困难打消掉了。

老陈一直在空想,其实很多主意只要付出努力和行动,是可以实现的,但是他终究还是什么都没做。梦想再美好,计划再完美,如果不行动起来,就永远也不可能获得成功,最终只是纸上谈兵,空想一场。人因梦想而伟大,梦想因为行动才会变为现实。我们总是说别人混得多好,别人的运气有多好,可是我们并不知道其实别人闪光的背后也是一次次的跌倒与爬起。

德谟斯特斯是古希腊的雄辩家,有人问他雄辩之术的第一要点是什么?

他说:"行动。"

第二点呢?"行动。"

第三点呢?"仍然是行动。"

人有两种能力,思维能力和行动能力。没有达到自己的目标,往往不是因为思维能力,而是因为行动能力。可见行动对于人的成功有着极大的意义。

彭端淑的《为学》相信大家都非常熟悉，文中说到四川边境有两个和尚，其中一个贫穷，其中一个富裕。穷和尚对富和尚说："我想要到南海去，你看怎么样？"富和尚说："您凭借着什么去呢？"穷和尚说："我只需要一个盛水的水瓶、一个盛饭的饭碗就足够了。"富和尚说："我几年来想要雇船沿着长江下游而去，尚且没有成功。你凭借着什么去！"到了第二年，穷和尚从南海回来了，把到过南海的这件事告诉富和尚。富和尚的脸上露出了惭愧的神情。

天下的事情有困难和容易的区别吗？没有。只要肯做，那么困难的事情也会变得容易；如果不做，那么容易的事情也会变得困难。所以说，如果有梦想，就要及时付诸行动，不要拖延，不要畏惧，否则你什么都做不了。

行动是一个敢于改变自我、拯救自我的标志，是一个人能力有多大的证明。对每一个智者而言，行动是成功的第一步，即使走错了一步，也能得到一份珍贵的经验。只有行动才会产生结果，行动是成功的保证。任何伟大的目标、伟大的计划，最终必然要落实到行动上。最后请记住克雷洛夫的一句话："现实是此岸，理想是彼岸，中间隔着湍急的河流，行动则是架在河上的桥梁。"

一旦抱怨，人生就会黯然失色

不知大家是否留意过，很多人喜欢说这样的话，"生活真的是无聊透顶""工作好像是重复一般，没什么意思""为什么别人那么好运，我就过得这样糟糕呢？"……类似这样的话相信很多人都喜欢说，其实这就是抱怨，我们抱怨社会的不公，抱怨自己拥有的太少，抱怨收入与付出不成正比。可是你有没有发现，越是抱怨，你的快乐就越少，生活也就越不顺心。喜欢抱怨的人总觉得什么事情都和他作对，什么事情他都无法掌控。许多人之所以不能获得成功，原因就在于抱怨。我们之所以经常抱怨，是因为我们缺乏感恩的心。其实，我们遇到的无论是顺境还是逆境，都能磨炼一个人的心智。相反，抱怨除了让我们生闷气外，毫无益处。既然这样，那又何必抱怨呢？

孔雀向王后朱诺抱怨。它说："王后陛下，我不是无理取闹来申诉说情，您赐给我的歌喉，没有任何人喜欢听，可您看那黄莺小精灵，唱出的歌声婉转动听，它独占春光，风头出尽。"

朱诺听它如此言语，严厉地批评道："你赶紧闭嘴，嫉妒的鸟儿，你看你脖子四周，是一条如七彩丝绸染织的美丽彩虹；当你舒展着华丽的羽毛出现在人们面前时，大家就好像见到了色彩斑斓的珠宝。"

"你是如此的美丽,难道还好意思去嫉妒黄莺的歌声?和你相比,这世界上没有任何一种鸟能像你这样受到别人的喜爱。一种动物不可能具备世界上所有动物的优点。"

"我分别赐给大家不同的天赋,有的天生长得高大威猛;有的如鹰一样勇敢、隼一样敏捷;乌鸦则可以预告征兆。大家彼此相融,各司其职。所以我奉劝你不要再抱怨,不然的话,作为惩罚,你将失去你美丽的羽毛。"

是啊,为什么很多人总是不知满足,永远看不到自己拥有的快乐呢?就像孔雀一样,它有着其他动物没有的华丽羽毛,可是它还是不断地抱怨,因此让王后非常地反感。朋友们,我们不要因为失去而感到遗憾,而要因为拥有而珍惜,乐观地对待生活,这不但是一种对待人生的态度,更是一种快乐人生的智慧。

张强在一家汽修厂工作,担任的是一名修理工。刚来这家工厂的时候,他一开始就打算着能够好好积累一些经验,学好本事自己干。可是在上班工作的第一天,张强就受不了了,一直在抱怨,"这工作太讨厌了,脏兮兮的,这一会儿下来,我浑身已经脏得没法看了""可把我累死了,这种工作简直是烦死人,整天做这些有什么意思"……每天,张强都是在抱怨和不满的情绪中度过的。他认为自己在受煎熬,在像奴隶一样卖苦力。因此,张强每时每刻都窥视着师傅的眼神与行动,稍有空隙,他便偷懒耍滑,应付手中的工作。

就这样，时间在抱怨中一天天地过去，张强在这里混日子已经两年了。当时与张强一同进厂的三位朋友，各自凭着精湛的手艺，或另谋高就，或被公司送进大学进修，唯有张强，仍旧在抱怨中做着他讨厌的修理工。

朋友们，有时候我们不妨静下心来好好考虑一下，抱怨真的有用吗？能解决问题吗？抱怨的最大受害者是自己，就像案例中的张强一样。当然我们每个人都有负面情绪，但是适当地发泄一下就可以了，如果一味地沉浸在负面情绪里，我们就应该反省一下自己了。在工作中，有些人就是牢骚一大堆，抱怨满天飞。殊不知这就是问题的关键所在——吹毛求疵的恶习使他们丢失了责任感和使命感，只对寻找不利因素显得兴趣十足，从而使自己发展的道路越走越窄，他们与公司格格不入，变得不再有用，最终只好被迫离开。

现实生活中，确实有些人承受了巨大的压力，或者是来自各方面很不公平的对待，但这些都不能成为不停抱怨的理由。从另外一个角度看，如果我们用一种宽广豁达的心态来接受它，把一些磨难当作是对未来成功的一种考验，那么我们将会获取更多的生活积累，这期间的努力和拼搏也不会辜负你的。抱怨对我们来说没有任何意义。当我们遇到不如意的事情时，我们可以选择一些适合自己的方式去纾解一下自己的情绪，然后用浪费在抱怨上的时间去做一些更有价值的事情。我们可以总结一下经验，吸取之前的教训，好好规划一下，想想如何调整自己的人生方向，如何用实际行动去改变现状，这样一定会比发牢骚好得多。

逆境，是对你人生的巨大考验

在《报任安书》中司马迁曾写下这样一段非常耐人寻味文字："古者富贵而名磨灭，不可胜记，唯倜傥非常之人称焉。盖文王拘而演《周易》；仲尼厄而作《春秋》；屈原放逐，乃赋《离骚》；左丘失明，厥有《国语》……大底圣贤发愤之所为作也。"从中我们可以看出，古往今来那些成大事者都曾身处逆境，历经无数磨难。逆境出人才，经过挫折锤炼，在逆境中成长起来的人具有更强的生命力和竞争力，他们拥有成功和失败的经验，处事更加成熟。在他们眼里，失败是一种财富。他们笑对失败，迎难而上。所以说，你的不顺，正是上苍赐给你历练的时机，接受了上苍安排的逆境，勇于和它抗衡，你才能得到后期的发展。

公元742年，唐朝的鉴真和尚第一次东渡，正准备从扬州扬帆出海时，不料被人诬告与海盗勾结，东渡未能实现。同年年底，鉴真和同船多人第二次东渡。刚一出海，就遇到了狂风恶浪，船只被击破，船上水没腰，这次东渡又宣告失败。

鉴真修好船后，到了浙江沿海，又遇到狂风恶浪，船只触礁沉没，人虽上岸，但水米皆无，他们忍饥挨饿好几天，才被搭救出来，第三次东渡又遇挫折。第四次东渡因人阻拦，也未成功。

遭受挫折最为惨重的是第五次东渡。公元748年，鉴真一行多人又从扬州乘船东渡，船入深海不久，就遇上特大台风，船只受风吹浪涌漂到浙江舟山群岛附近。停泊三个星期后，鉴真再度入海，不料又误入海流。这时，风急浪高，水黑如墨，船只犹如一片竹叶，忽而被抛上小山似的浪尖，忽而陷入几丈深的波谷。

这样漂了七八天，船上的淡水用完了，每天只靠嚼点干粮充饥。口渴难忍时就喝点海水，这样苦熬了半个多月，最后飘到了海南岛最南端的崖县，才侥幸上了岸。他们跋涉千里，历尽千辛万苦才回到了扬州。在路上几经磨难，63岁的鉴真身染重病，以致双目失明。即使是在这样的情况之下，鉴真东渡日本的决心丝毫未动，仍为第六次的东渡做准备，后来终于获得了成功。

如此多次的失败经历和痛苦磨难也没有磨灭鉴真他们一行人的斗志，对于强者来说他们永远不会在逆境中言败，只会把它当作历练的机会。相比之下我们生活中的小挫折真的是应该一笑置之。

朋友们，我们要明白，身处逆境最忌讳的三种反应，第一是意志消沉，第二是焦躁不安，第三是惊慌失措、盲目挣扎。

若是犯了这三项大忌中的任何一项,不仅无法从逆境中脱困,反而会坠入万劫不复的深渊。相信我们该怎么做,大家已经非常明白了。

"当生命像流行歌曲般地流行,那不难使人们觉得欢欣。但真正有价值的人,却是那能在逆境中依然微笑的人。"希望这首小诗能给处于逆境中的人们带来力量。总之,一个能够在一切事情十分不顺利时微笑的人,要比一个碰到艰难困苦就要逃离的人多占许多胜利的先机。

第08章
CHAPTER 08

你不改变，
看起来努力也没意义

> 对于梦想，如果有人问你"你付出了多少努力？"你是否敢说"全力以赴"？其实，我们生活中所付出的努力都不会白费，它会以各种形式回报我们，所有的努力都会开出美丽的花，所以说，我们要尽心尽力地对待自己的人生。一个努力生活的人是一个认真的人，你的认真会让你散发更大的魅力；一个努力生活的人是一个敢于改变自己的人，你的改变会让你更为出彩；一个努力生活的人是一个不轻易言弃的人，你的坚持会为你呈现不一样的天地……

认真工作的你,散发着无穷的魅力

纵观古今中外,无论大事小事,要想做得成,莫不需要认真。一个孩子要想学习好,离不开"认真"二字;一位员工想要升职加薪,离不开"认真"二字;一个老板想要经营好公司,离不开"认真"二字;一个家庭想要好好维系,离不开"认真"二字……是啊,认真是一种生活态度。如果处事毛毛躁躁,不认真对待,那么什么事情你也做不好。认真的人是真实的,他们把工作视为值得用生命去做的事情。他们以认真为信仰,认真做事,认真做人,他们也因此而得到充实的人生。

说到认真,不禁让人想起一个人,一个一生都认认真真的人,他就是著名的文学翻译家、艺术评论家傅雷。

傅雷一生致力于外国文学特别是法国文学的翻译,先后翻译了伏尔泰、巴尔扎克、罗曼·罗兰等人的作品33部。他还写了不少文艺和社会评论作品。他写给儿子的家书结集出版后受到广大读者的喜爱。傅雷为人的一个突出特点,就是"认真"。《高老头》这部巴尔扎克的著名作品,他在抗战时期就已译出,1952年他又重译一遍,1963年又一次修改。他翻译罗曼·罗兰的《约翰·克利斯朵夫》,从1936年到1939年,花了整整3年的时间。20世纪50年代初,他又把这上百万字的名著的译稿推倒重译,而当时他正肺病复发,体力不支。他这样做,就是要精益求精,把最好的译作奉献给读者。

对生活中的其他方面傅雷也是十分严谨和认真。在他宽大的写字台上,烟灰缸总是放在右前方,而砚台则放在左前方,中间放着印有"疾风迅雨楼"的直行稿纸,左边是外文原著,右边是外文词典。这种井然有序的布局,多少年都没有变过。他家的热水瓶,把手一律朝右。水倒光了,空瓶放到"排尾"。灌开水时,从"排尾"灌起。他家的日历,每天由保姆撕去一张。一天,他的夫人顺手撕下一张,他看见后,赶紧用糨糊把撕下的那张贴上。他说:"等会儿保姆再来撕一张,日期就不对了。"他自己洗印照片,自备天平,自配显影剂和定影剂;称药时严格按配方标准,尽管稍多稍少无伤大局,他还是一丝不苟。有一次,儿子傅聪从国外来信,信中"松""高""聪"等字写得不够规范,他便专门写信给儿子,逐一进行纠正。

傅雷对家庭的态度、对生活的态度、对工作的态度,何止是"认真"二字能表达的,简直是"精益求精"。这是一种高度的责任感,表达出了对生命的一种热忱、敬重。不管是翻译文学巨著,还是点滴生活小事,他都尽力去做到最好。他的踏实做人、认真做事的态度始终是值得人们学习的精神之所在。

没有做不好的事情,只有做事不认真的人。生活中我们总是埋怨这不好、那不好，可是我们是否问过自己：我尽力而为了吗？许多时候，失败的原因并不是因为我们没有做好某件事情的能力，而是因为我们漫不经心地处理、打发掉一些自认为不重要的工作或事情。正是这种小小的不负责任、不认真的行为，可能会为我们的将来埋下"定时炸弹"。

文小溪和范茵茵同是某公司公关处的职员，她们工作难度不大，每天就是负责接待客户，工作起来相对比较轻松。平日里两人一起上班，而且年纪也差不多大，相处起来一直比较融洽。

时间过得很快，转眼文小溪和范茵茵两个人已经在公关处工作两年多了，公关处的主管因工作调动离开了公司，范茵茵被任命为新任主管。听到这个消息，文小溪心里特别不是滋味，她找到领导，开门见山地说："我和范茵茵是一起进公司的，从事的是同样的工作，为什么这次提拔的是范茵茵而不是我呢？这对我也太不公平了！"领导听完文小溪的话，心平气和地说："你和范茵茵虽然工作任务一样，但是完成工作的质量却不一样，这样吧，正好下午有个客户要来公司，我派范茵茵负责接待工作，你在旁边观摩一下范茵茵是如何工作的。"

文小溪带着满腹委屈和领导一起来到公司的接待办公室，只见范茵茵正在打电话："您好，是餐厅的李师傅吗？李师傅，您好，下午公司要来一个客户，晚餐安排在公司食堂的小包间里，麻烦您在六点之前把一切都打点好，我们这位客户口味比较清淡，希望饭菜不要太腻、太咸、太辣，还有客户喜欢喝点小酒,希望您准备一瓶上好的酒……"听到这里,文小溪感觉很意外,范茵茵怎么会知道客户这么多的信息呢?

原来,范茵茵一直有个习惯,她会在下班后利用休息时间做一篇工作日记,把接待过的客户的主要信息都详细记录下来,而今天来的这位客户,恰好是一年前范茵茵接待过的,所以,范茵茵可以提前提醒其他部门的同事,配合她一起做好接待工作。

看着沉默不语的文小溪,领导笑着说:"你们的工作任务不难,但是并不是所有的人都能做到最好,范茵茵的工作态度只有两个字能形容,那就是'认真'。"

态度决定一切,小事与大事没有本质的区别。同一件事情,如果你认为重要就是大事,如果你认为不重要就是小事。如果一个人对待一件小事的态度也和对待一件大事一样一丝不苟,那么即便是做一件小事,他也能做得更为出色,呈现出自己超于他人的能力。人生没有那么多大事需要你崭露头角,成就一番大业,每一件大事都是由无数件小事堆积而成的,只要你认认真真做好每一件事,势必会成就美好的人生。

不到最后,你有什么理由放弃

有个牧人将刚挤的一桶鲜奶放在墙下,墙上有三只小青蛙打闹时不小心全部掉进了奶桶里。就这样三只小青蛙游也游不动,跳也跳不起。

第一只青蛙说:"难怪早上眼皮就在跳,好端端地掉进牛奶里,我的命好苦啊!"然后它就漂在奶里一动不动,等待着死亡的降临。

第二只青蛙试着挣扎了几下,感觉一切都是徒劳,绝望地说:"今天死定了,我还不如死个痛快,长痛不如短痛。"于是它一头扎进奶桶深处,淹死了。

第三只青蛙什么也没说,只是拼命蹬后腿。

第一只青蛙说:"算了吧,没用的,这么深的奶桶,再怎么蹬也跳不出去啊。"

"也许能找到什么垫脚的东西呢!"第三只青蛙说。

但是桶里只有滑滑的鲜奶,根本没有什么可以支撑的东西,第三只小青蛙一脚踏空,两脚踏空……时间一分钟一分钟过去,它几乎想放弃了,但是一种本能的求生欲支撑着它一次又一次地蹬起后腿。它感到奶越来越稠,越来越难以游动……然而,慢慢地,奇迹出现了,它们下面的牛奶硬起来了,原来牛奶在它拼命搅拌下,变成了奶油块。待到等死的那只小青蛙也发现了这一点,它兴奋地叫起来,这时它的同伴已经差不多精疲力竭,然而两只小青蛙还是奋力一跳,终于都跳出了奶桶。而它们的另一个同伴,却没能出来。

看完这个寓言故事,相信大家明白了很多。我们要坚信:

第08章
你不改变，看起来努力也没意义

只要不放弃自己，一切皆有可能。同样面对困难，不同的人有着不同的心态，这就是为何有人成功而有人失败的原因所在。朋友们，如果你都放弃自己，那么你还指望谁能解救你呢？人生的道路上有很多精彩需要我们去发现，如果在一次小小的磨炼中就放弃了自己前进的信念，那么我们的人生价值会是如何呢？

有一个年轻人，他从小的梦想就是做一名出色的赛车手，后来，他发现做一名赛车手非常困难，必须具备一定的实力与经济基础。然而，他并没有被现实打败，也没有放弃自己的梦想，他选择了一份工作——在一家农场开车。

业余时间，他常报名参加一些赛车队的技能训练。如果有车赛，他一定会想方设法去参赛。然而，由于技术欠佳，他没能取得好名次，不仅没有收入，反而欠下了一笔数目不小的参赛费。虽然现实如此窘迫，但他依然不放弃自己的理想与信念，依旧勤奋地坚持练车。

有一次，他参加了一场对他来说非常重要的赛事。当赛程进行到一半时，他的赛车已经位列第三了，这样看来，他是极有可能冲刺到好名次的，可能这将成为他人生的转折点。

但是，突然间，跑在他前面的两辆赛车撞到了一起。于是，年轻人迅速转动方向盘，由于之前的车速太快了，他撞到车道旁的墙壁上去了。

当年轻人被救出来时，他全身的烧伤面积达40%，其中手

149

和鼻子伤得最为严重。医生整整做了7个小时的手术，才把他救活。在这次事故中，尽管他保住了命，但手却萎缩了。医生向他宣告：以后，再也不能开车了。

这对赛车手而言，无异于是晴天霹雳，但是，年轻人却并没有因此而绝望，他依旧坚持着自己心中的梦想，他做了植皮手术，为了能恢复手指的灵活性，年轻人每天都用残缺的手不停地抓木条，虽然疼得大汗淋漓，但他依旧不放弃。

做完手术后，年轻人又回到了农场，开推土机让他的手磨出老茧，同时，他还继续练习着赛车。9个月之后，他又参加了一场赛车比赛，但没能取得好成绩，因为他的车在中途意外熄火了。随后不久，他又参加了一场赛事，并获得了第二名。

两个月后，年轻人重返上次发生事故的那个赛场，经过一番激烈地争夺，他最终获得了250英里比赛的冠军。那一刻，他禁不住流下了眼泪。

这位年轻人就是美国颇具传奇色彩的赛车手——吉米·哈里波斯。

在生活困难的时候，吉米·哈里波斯没有放弃自己，在出车祸导致无法开车的情况下，吉米·哈里波斯也没有放弃自己，似乎他的生活压根就没有"放弃"二字。如果放弃了，那么一切梦想将会变成泡沫；如果放弃了，一个人的生活也就开始走下坡路了。吉米·哈里波斯用自己的赛车梦诠释了什么叫作"永不放弃"。

乔布斯在叙述自己经历的时候曾经说过这样一段话，"在30岁的时候，我被踢出了局。在头几个月，我真不知道要做些什么。我成了人人皆知的失败者，也让与我一同创业的人很沮丧，我甚至想过逃离硅谷。但曙光渐渐出现，我发现自己还是喜欢曾经做过的那些事情。虽然被抛弃了，但热忱不改。所以我决定，重新开始！"是的，一切都会过去的，我们没有理由放弃自己。如果放弃了自己，那么没有任何人可以解救你！只要肯努力，万事皆可重新开始！

你不坚持，怎能看到柳暗花明

成功的秘诀在于执着，成功偏爱执着的追求者。世界上许多名人的成功都来自于克服千辛万苦和持之以恒地努力，只有这样，我们才会渐渐接近辉煌。如果我们稍有困难便更改航向或经不起外界的诱惑，恐怕就会永远远离成功。只要坚持下去，相信柳暗花明的日子终有一日会到来。

古代有一位任公子，胸怀大志，为人宽厚潇洒。任公子做了一个硕大的钓鱼钩，用很粗很结实的黑绳子把鱼钩系牢，然后用50头阉过的肥牛做鱼饵，挂在鱼钩上去钓鱼。

任公子蹲在高高的会稽山上，他把钓钩甩进广阔的东海里。一天一天过去了，没见什么动静。任公子一点儿也不急躁,一心只等大鱼上钩。一个月过去了,又一个月也过去了,鱼钩毫无动静。但任公子依然不慌不忙,十分耐心地守候着大鱼上钩。一年过去了,任公子没有钓到一条鱼,可他还是毫不气馁地蹲在会稽山上,任凭风吹雨打。

又过了一段时间,突然有一天,一条大鱼游过来,一口吞下了鱼饵。这条大鱼即刻牵着鱼钩一头沉入水底,它咬住大钩只疼得狂蹦乱跳,一会儿钻出水面,一会儿沉入水底,只见海面上掀起了一阵阵巨浪,如同白色的山峰。海水摇撼震荡,啸声如排山倒海。大鱼发出的惨叫如鬼哭狼嚎,那巨大的威势让千里之外的人听了都心惊肉跳,惶恐不安。

任公子最后终于征服了这条筋疲力尽的大鱼,他将这条鱼剖开,切成块,然后晒成鱼干。他把这些鱼干分给大家共享,从浙江以东到苍梧以北一带的人,全都品尝过任公子用这条大鱼制作的鱼干。

多少年以后,一些既没本事又爱道听途说、评头论足的人都以惊奇的口气互相传说着这件事情,似乎还大大表示怀疑。因为这些眼光短浅、只会按常规做事的人,只知道拿普通的鱼竿,到一些小水沟或河塘去,眼睛盯着鲵鲋一类的小鱼,他们要想像任公子那样钓到大鱼,当然是不可能的。

任公子志向远大,一心想着钓大鱼,全然不顾钓小鱼的诱惑,一心一意地朝着既定目标努力,经过一年的漫长等待,功夫不负有心人,任公子终于钓到了他梦寐以求的大鱼。

第08章
你不改变，看起来努力也没意义

如果中途放弃，如果被一系列的消极心理打败，想必任公子永远也无法钓到大鱼。从这则寓言中相信我们读到了很多，梦想、目标、诱惑、信念、坚毅……这些成功的因素都摆脱不了他那颗坚持到底、决不放弃的心。长远的目标需要长期的耐心，希望我们每一位朋友都能学习到任公子的这种精神。

迪斯尼在上学的时候，就对绘画和描写冒险生涯的小说特别地入迷，他很快就读完了马克·吐温的《汤姆·索亚历险记》等探险小说。一次，老师布置了绘画作业，小迪斯尼就充分发挥了自己的想象力，把一盆的花朵都画成了人脸，把叶子画成人手，并且每朵花都以不同的表情来表现自己的个性。按说这对孩子来说应该是一件非常值得肯定的事，然而，无知的老师根本就不理解孩子心中的那个美妙的世界，竟然认为小迪斯尼这是胡闹，说："花儿就是花儿，怎么会有人形？不会画画，就不要乱画了！"并当众把他的作品撕得粉碎。小迪斯尼辩解说："在我的心里，这些花儿确实是有生命的啊，有时我能听到风中的花朵在向我问好。"老师感到非常气愤，就把小迪斯尼拎到讲台上狠狠地毒打一顿，并告诫他说："以后再乱画，比这打得还要狠。"

值得庆幸的是，老师的这顿毒打并没有改变他"乱画的毛病"，小迪斯尼一直在努力地追求着成为一个漫画家的梦想。

第一次世界大战美国参战后，迪斯尼不顾父母的反对，报名当了一名志愿兵，在军营中做了一名汽车驾驶员。闲暇的时候，他就创作一些漫画作品，寄给国内的一些幽默杂志。他的作品竟然无一例外地被退了回来，理由就是作品太平庸，作者缺乏才气和灵性。

战争结束后，迪斯尼拒绝了父亲要他到自己持有股份的冷冻厂工作的要求，他要去实现他童年时就立誓实现的画家梦。他来到了堪萨斯市，拿着自己的作品四处求职。经过一次又一次的碰壁之后，终于在一家广告公司找到了一份工作。然而，他只干了一个月就被辞退了，理由仍是缺乏绘画能力。

1923年10月，迪斯尼终于和哥哥罗伊在好莱坞一家房地产公司后院的一个废弃的仓库里，正式成立了属于自己的迪斯尼兄弟公司。不久，公司就更名为"沃尔特·迪斯尼公司"。

虽然历尽了坎坷，但他创造的米老鼠和唐老鸭几年后便享誉全世界，并为他获得了27项奥斯卡金像奖，使他成为世界上获得该奖最多的人。他去世后，《纽约时报》刊登的讣告这样写道：

"沃尔特·迪斯尼开始时几乎一无所有，仅有的就是一点绘画才能，与所有人的想象不相吻合的天赋想象力，以及百折不挠一定要成功的决心，最后他成了好莱坞最优秀的创业者和全世界最成功的漫画大师。"

历尽挫折和磨难的人，自然是生命的强者。挫折不一定百分之百成就一个人，但一个成功的人一定是历经各种磨难和挫折，并最终坚持到底的人。沃尔特·迪斯尼就是这样的一个人。

不坚持，再好的计划也实现不了；不坚持，再好的方案也没办法让你胜出；不坚持，再好的选择也走不出光明；不坚持，再好的工作也创造不出未来。现在，你还想放弃吗？你还想半途而废吗？朋友们，不要轻言放弃，身体和灵魂一定要在路上前行。

你不知道，你有着惊人的潜能

安东尼·罗宾在《潜能成功学》一书中说："人的潜能犹如一座待开发的金矿，蕴藏量无穷，价值无比，而我们每个人都有一座潜能金矿。"有的时候，可能你会觉得自己很普通，但我告诉你，再普通的人，也有巨大的潜能。你感觉不到你的潜能，是因为你的意识中认定了自己是个普通人。假如你在心里一直告诉自己是一个懦弱的、胆怯的、无知的、目光短浅的人，那么你就会严重限制自己的发展，你也就无法超越自己，看到一个更优秀的自己。

腔棘鱼又称"空棘鱼"，由于脊柱中空而得名，是目前世界上十分罕见的鱼类。由于科学家在白垩纪之后的地层中找不到它的踪迹，因此认为这个登陆英雄已经告别了世间，全部灭绝了。1938年，在南非科学家却发现了一条腔棘鱼，这个史前鱼种竟然还活着！在距今4亿年前的泥盆纪时代，腔棘鱼的祖先凭借强壮的鳍，爬上了陆地。经过一段时间的挣扎，其中的一只越来越适应陆地生活，成为真正的四足动物；而另一只在陆地上屡受挫折，又重新返回大海，并在海洋中寻找到一个安静的角落，与陆地彻底告别了。

这个安静的角落就是1万多米深的海底。众所周知，人类入海比登天还要难。首先是巨大的压力：水深每增加10米，压力就要增加1个大气压。在1万多米深的海底，压力将高达1000个大气压，别说人的血肉之躯，就是普通的钢铁构件也会被压得粉碎。还有海底的恶劣环境，黑暗、寒冷！太阳光进入海中很快被吸收，水深10米处的光能只及海洋表面的18%，100米深处则只有1%了。光线稀少，热量自然难留，水下的寒冷、黑暗可想而知。然而，腔棘鱼通常生活在非常深的海底，并把自己隐藏在海底礁石的洞穴里。在恶劣的海底世界里，它们以生存为目标，不断给自己施加压力，学会与压力共处，在自己的历史空间里痛并快乐地生存着，超乎想象地存在了4亿年！

科学家研究发现，人类的潜能平均开发程度只有10%左右。可见，人类还有绝大部分的潜力没有得到有效的利用，一旦这些潜能得到开发，人类所爆发出来的能力一定是惊人的。

现实生活中，很多人具备优于其他人的潜能，但是，这些人却不会挖掘自己的潜能，导致许多人最后终其一生都没将潜能发挥出来，平庸度日。面对问题，请你不要说"不可能""这是无

第08章
你不改变，看起来努力也没意义

法完成的""我没有这个能力去做"……为何不逼自己一把呢？如果你抛弃那些消极的思想，专心致志地去思考问题，相信你一定能做到，因为你的潜能远远超乎你的想象。

美国哈佛大学的罗森塔尔博士曾在加州的一所小学校做过一个著名的实验。

在新学年开始时，罗森塔尔博士让校长把三位教师叫进办公室，并对他们说："根据你们过去的教学表现，我发现你们有着非常优秀的潜质，在教育领域你们会有作为和做出成就的。因此，我和你们的校长特意挑选了100名全校最聪明的学生组成三个班让你们来教。这些学生的智商比其他孩子都高，希望你们能让他们取得更好的成绩。"

三位老师都高兴地表示一定尽力。校长又叮嘱他们，对待这些孩子要像平常一样，不要让孩子或孩子的家长知道他们是被特意挑选出来的，老师们都答应了。

一年之后，这三个班的学生成绩果然排在整个学区的前列。这时，校长告诉了老师们真相：这些学生并不是刻意选出来的最优秀的学生，只不过是随机抽调的学校里最普通的学生。

老师们没想到会是这样，都认为自己的教学水平很高。这时，校长又告诉了他们另一个真相，那就是，他们也不是被特意挑选出的全校最优秀的教师，只不过是随机抽调的普通老师罢了。

这个结果正是博士所料到的：这三位教师在潜意识里都已

157

经认为自己是最优秀的，并且学生也都是高智商的，这种潜意识激发了他们心中巨大的能量。从他们开始接受罗森塔尔博士和校长的任务的时候，自信的种子就已经埋在了他们的心中。

成功的人在潜意识里就相信自己能够成功，他们善于挖掘自己的潜能，把自己的实力发挥到最大，因此他们会爆发出比一般人更多的能量。所以说，要敢于尝试，给自己一个机会，相信自己一定可以做得更好。

朋友们，请不要让你的潜能沉睡下去了，你明明可以成为一个更优秀的自己，何不尝试一下呢？如果你甘心这样让自己的潜能沉睡，那么你终究只是一个平庸的人。如果1分钱和20元同时被扔进大海中，它们的价值就毫无区别。只有当你将它们捞起来，并按照正确的方式使用时，它们才会各自显现出自己不同价值。根据研究，即使世界上记忆力最好的人，其大脑的使用也没有达到其功能的1%。人类的知识与智慧，迄今仍是"低度开发"。人的大脑是个无尽的宝藏，只要我们努力去挖掘，努力运用潜意识的力量，成功会比我们想象得更快、更轻松。

人生勇于改变，才更灿烂

有一个关于猫头鹰的故事，故事讲述了这只猫头鹰搬家的悲剧：

一只猫头鹰总是搬家。这天，住在树林西边的它又要搬到东边去了。原因是，它周围的动物都讨厌它难听的声音，拒绝与它交往，它感到住不下去了，非搬家不可，却没有一次能稳定地居住下来。

直言的鸠鸟看它奔波劳累，就告诉它说："假如你能改变自己的叫声，搬到东边去当然可以，但如果还是老样子，新邻居们仍然会讨厌你的声音。"

不去挖掘事情最本质的原因，如果一味地搬家，那就是等于白费功夫。只可惜猫头鹰一直不懂得这个道理。其实，生活中这样的事情也很多。许多人不懂得去正视自己，审视自己的缺点，到头来只能碰一鼻子灰。

我们需要改变，我们不仅要把自己的缺陷弥补好，还要把自己变得更优秀，在自己的一生中创造更多的不可能。有一颗敢于改变自己的心，你才能不怕前方的荆棘，你才有不断前进的勇气，你才有改变环境的魄力。

有一位影评家曾这样评价查里斯："好莱坞向这个年轻人敞开大门，倘非绝后，那肯定也是空前的！"想必这其中也有着一段较为丰富的故事。

查里斯出生时，大夫告诉他的母亲："趁现在还来得及，最好送他到福利院去。"查里斯没去那儿，但家里却为此吃足了苦头。快3岁时，他才会摇摇晃晃地走第一步。整整一个冬天，他的两个姐姐带他坐在一面大镜子前，抓着他的手点着自己的鼻子，问他："这是什么？""嘴巴。"更糟糕的是，包括他父母亲在内，很少有人能听懂他说的话。4岁那年，他被送往"肯尼迪儿童中心"学习。在那儿，他终于有了长足的进步。一天，他捧回一个刻着"Cheerios"字样的盒子给母亲："看，上面有我的名字！"（他的名字为：Cheeris）母亲高兴得流下了眼泪。

一天下午——那年他正好8岁——他翻出一本旧的照相本，里面有他的两个姐姐幼年时在电视广告中的剧照。他一下给迷住了，痴痴地一再嚷道："我要，我也要上电视。"他的父亲忧心忡忡地劝道："我实在看不出有这种可能性。"

查里斯却从没忘记他的梦。一有空，他便一遍遍地借助着录像带练习唱歌和跳舞。4年后，机会终于来了。他在学校的圣诞晚会上扮演一个牧羊人，唯一的一句台词是："嗨，真逗！"为这句话，他反复练习了两个多星期，连在梦中也念叨不停。

演出的那天，观众席上的一位来宾听说了这件事。"真逗！"他对自己说。又过了10年，一位好莱坞制片人准备推出一部肥皂剧的时候，发现还少个跑龙套的角色。他抓起电话，向查里斯问道："嗨，小伙子，对好莱坞还有兴趣吗？"千里之外，查里斯热情洋溢的声音顿时打消了他的疑虑，"好莱坞？太棒了！要知道我没有一天不想它呢！"

第08章
你不改变，看起来努力也没意义

这样，当查里斯22岁那年，他第一次来到了好莱坞，和那些大明星在一起，他感到无比高兴和激动，说话也变得流畅自然了。

电视剧原定于1987年9月播出，然而全美电视网联播公司拒绝购买播映权。查里斯的梦幻破灭了。

他又回到了原先工作过的单位。到1988年，他已经有了令人羡慕的固定薪水。他的家人和一些朋友都为之欣慰。他们一再对他说："你必须忘掉那些关于好莱坞的陈词滥调，那扇门不会向你打开的！"

但查里斯深信，门会向他打开的。

好莱坞也没忘记他。不少人都说："让这个迷人的小伙子离开银幕太可惜了，何不再安排一次机会让他碰碰运气呢？"于是，一个编剧专门为他写了一部家庭伦理片。剧中父子两人——儿子像查里斯一样，患有先天性残疾——相濡以沫，共度艰难人生。正式开拍那天，查里斯站在摄影机前，泪流满面。他想起了自己坎坷不平的人生道路，想起了父母过早花白的头发，想起了无数帮助过自己的认识的和不认识的朋友，更想起了那些在疯人院中孤苦无助的同龄人。他泣不成声地对"父亲"道："天真黑！爸爸，拉我一把。你的手会给我温暖和勇气。让我们手拉手，共同走完这条人生路上泥泞而又短暂的隧道……"

查里斯成功了。所有的评论都说，"这部影片可能不是最出色的，但肯定是最感人的"。一夜间，查里斯成了人们的偶像。信件铺天盖地般地涌来。一个中学生来信说："我今年17岁，和你一样，我也患有严重的残疾。你是我心中的英雄。是你，改变了我的生活。"

"我不是英雄，"查里斯告诉他，"我只是努力去改变自己。也许，生活也因此一天天地变得更美好了。"

只要你敢想、敢做、敢改变，那么你就是一个成功者。托尔斯泰曾说："世界上只有两种人，一种是观望者，另一种是行动者。大多数人想改变这个世界，但没有人想过改变自己。"是啊，从此刻开始，行动起来吧，让我们不断迸发前进的力量，把我们的明天变得更加美好。

第09章
CHAPTER 09

找到方向，
驶向未来的路就在脚下延伸

当你站在一个位置的时候，你是否明白自己的朝向应该是何方？有方向，一个人才会不迷茫；有方向，一个人才会有动力。如果你知道自己想去哪里，世界都会为你让路。假如你自己都不知道要去何方，那么你就像一个没有方向的船一样，永远都是随波逐流。只有明白自己的人生方向，你才有可能成为一颗耀眼的明珠，才不会在前进的道路上迷失自己。

抓大放小，不要在无关紧要的事情上浪费精力

英国著名作家狄斯雷利曾深刻地指出："为小事而生气的人，生命是短暂的。"

一个人如果过多纠缠于小事很容易变得不可理喻，甚至会失去人格魅力。所以说，对于无关紧要的小事我们要懂得忽略。学会了忽略才会有更多的时间去做重要的事，才会活得更加轻松、快乐。

有这样一个经典的哲理故事，相信大家会备受启发：

两个朋友在沙漠中旅行，旅途中他们为了一件小事争吵起来，其中一个还打了另一个一记耳光。被打的人觉得深受屈辱，一个人走到帐篷外，一言不发地在沙子上写下一行字："今天我的好朋友打了我一巴掌。"

他们继续往前走，一直走到一片绿洲，停下来饮水和洗澡。在河边，那个被打了一巴掌的人差点儿被淹死，幸好被朋友救起来了。在被救起之后，他拿了一把小剑在石头上刻下了一行字："今天我的好朋友救了我一命。"他的朋友好奇地问道："为什么我打了你之后，你要写在沙子上，而现在要刻在石头上呢？"

他笑着回答说:"当被一个朋友伤害时,要写在容易忘的地方,风会负责抹去它;相反,如果被朋友帮助,要把它刻在心灵的深处,那里任何风都不能磨灭它。"

我们总会面临许许多多的事情,有开心就有难过,这都是情理之中的事情。虽然我们左右不了事情的发生,但是我们可以左右自己的内心。当所有不好的事都被你丢弃在发生的那一时刻时,下一刻,就代表着幸福和快乐。

是的,我们要学会忽略,忽略人生中那些不快乐的事情,那些无关紧要的事情,腾出自己的心,装下更多的欢乐,轻松地去做自己想做的事,做人生中最重要的事情。

凡事有主见,不被他人左右

自古至今,成功的人有一个相同之处,那就是敢于坚持自己的主见,有自己的想法,并且能够果断地做出自己的抉择。有主见才能突破前方的障碍,打开成功的大门。那些没主见的人,只会人云亦云,什么时候都是被人牵着鼻子走,他们的内心不断地摇摆,殊不知成功已经在他们面前消失得无影无踪。

玛格丽特·希尔达·撒切尔,英国著名政治家,曾经连续3次当选英国首相,也是欧洲历史上第一位女首相。她在重大的国际、国内问题上立场坚定,做事果断,被誉为世界政坛上的"铁娘子"。

然而，撒切尔夫人并非政治天才，她的性格、气质、兴趣等都深受父亲的影响，她成功的人生源于父亲培养起来的独特主见和高度自信。正如后来她在当选为首相时所说的那样："父亲的教诲是我信仰的基础，我在那个十分一般的家庭里所获得的自信和独立教诲，正是我获选胜出的武器之一。"1925年10月13日，撒切尔出生于英格兰林肯郡格兰瑟姆市的一个杂货店家庭里。她的父亲爱好广泛，热衷于参加政治选举。撒切尔深受父亲的影响，博览政治、历史、人物传记等方面的书籍，从小对政治就有相当多的了解。

撒切尔的家教十分严格。小的时候父亲就要求她帮忙做家务，10岁时就在杂货店站柜台。在父亲看来，他给孩子安排的都是力所能及的事情，所以不允许女儿说"我干不了"或"太难了"之类的话，借此培养女儿独立的能力。父亲常谆谆告诫她，千万不要盲目迎合他人，并经常把"自己要有主见，不要人云亦云"的道理灌输给她。因此，撒切尔从小就学到了很多关于自信和要有独立主见的道理。

在撒切尔入学后，她的阅历和想法不断增加，当看到同学们自由地玩耍和嬉戏时，她觉得同学们有着比自己更为自由和丰富的生活。她开始羡慕同学们一起在街上游玩，一起做游戏，骑自行车，也开始向往周末能和小伙伴一起去春意盎然的山坡上野餐。终于有一天，她把自己的想法告诉了父亲，期望能得到父亲的同意。然而，父亲却沉着脸并严厉地对她说："孩子，你必须要有自己的主见！不能因为你的同学和伙伴在做什么事情你就也去做同样的事情。你要自己决定你该做什么，千万不能随波逐流。"

听完父亲的话，撒切尔默默地低下了头，不作声。见到女儿不说话，父亲缓和了语气，继续劝导女儿说："宝贝，不是爸爸限制你的自由。而是你应该要有自己的判断力，有自己的思想。现在是你学习知识的大好时光，如果你想和一般人一样，沉迷于游乐，那以后将会一事无成。我相信你有自己的判断力，你自己做决定吧。"

父亲的一席话深深地印在了她的脑海里。她想：是啊，为什么我要学别人呢？我有很多自己的事要做，刚买回来的书我还没看完呢。于是她不再幻想和同学、伙伴们去游玩，而是潜心学习，积极进取。

是的，无论如何我们都要保持自己的想法，不能看着别人做什么我们就为之心动，随波逐流。每个人都是独立的个体，每个人都有自己独特的想法，我们要明白自己的使命，要看清人生的方向，无论何时都要拿定自己的主意。

丽丽就要面临中考了，而此时身边的同学们对于升学却有着不一样的看法。就连她的宿舍里也产生了几派不同的想法。张萌想考中专，林西想考技校，李晓想考职高，陈寒想考高中……这时候的人心可以说是比较浮躁的，她们感到很迷茫，同时与家里的想法也不太一致，所以都在纠结着。但是丽丽却一直想考重点高中，只要考上了重点高中，就等于迈进了大学门槛，她的理想就是要上大学。

那时，丽丽家住在一个小镇，经济不发达，所以，人们的观念还比较保守。

丽丽有一个邻居，平时丽丽称呼她王阿姨。王阿姨经常去她家串门，当王阿姨在与她妈妈闲聊得知丽丽要考重点高中时，就对丽丽妈妈说："老姐呀，一个女孩子念那么多书干啥？没必要有太高的学问，识几个字，将来找个好婆家就行了，干事业、挣钱养家是男人的事。何况，女孩子将来都是人家的人，供她念书那不是白花钱吗？早点上班，还可以为家里多挣几年钱。"听了王阿姨的一番劝说，丽丽妈妈的心里有些动摇了，不再支持女儿考高中，而要她考技校，或者去工厂打工。

妈妈的决定让丽丽心里十分难过，她对妈妈说："妈妈，请您给我一次机会吧，如果我考不上，我就去打工，挣钱补贴家用。"妈妈看到丽丽坚定的样子就勉强同意了。虽然妈妈同意了，但她的心里却依然感到十分沉重，好像压了一块巨石使她喘不过气来。

此后，丽丽更加努力地读书，她决心通过自己的努力考上重点高中，让别人都看一看，女孩子一样能考重点、上大学。后来，她以优异的成绩考上了县里最好的高中，三年后考上了理想的大学，丽丽的愿望终于实现了。

有的人在面临打击时会丧失信心，听从他人的看法否定了自己的能力；而有的人却会坚定自己的想法，用实力证明自己到底有多棒。朋友们，如果此时你退缩了，那不就正好证明了他人说得是对的吗？别人的意见只是参考，而自己的方向需要自己去做决定，一味地听从只会让你一败涂地。不要人云亦云，也不要随波逐流，遇事多想一想，多考虑一下，对与错在于自己，即便失败了，你也不会后悔，因为那是自己的选择。

要始终将人生"方向盘"掌控在自己手中

高考将近，杨海林已经被保送到了大学。陈默也不愁，父亲早已为他联系好了一所国外的学校，到时候，他直接去国外读书，毕业之后回国接手爸爸的事业，人生之路一帆风顺。班上很多同学都很羡慕陈默，可陈默却一点儿也不觉得高兴。

陈默和几个好朋友在一起的时候，他们总会发出"人活着到底是为了什么"这样的疑问。这些朋友甚至包括是模范学生的杨海林，只不过杨海林随便叹叹，过后就忘了。

可是陈默不一样，这个问题一直在他的脑海里。有时候，他想："难道是因为人生都被爸爸安排好了，才会这样？"而且，他一直很羡慕国外的教育和生活方式，老早就期盼着了。

怎么现在快要去了,反而生出很多茫然?

反正是要出国了,高考参加不参加都无所谓,陈默就将时间花在了这个哲学问题上,自己到底想要什么样的人生?在网上,在图书馆,陈默查了很多的信息资料,这个说,人生是一个过程,一定要努力实现自己的梦想;那个说,人生就是一段旅程,一定要好好地享受生活……反正是众说纷纭,莫衷一是。陈默看来看去,一头雾水,还是找不到自己人生的方向。

思考了一段时间之后仍找不到答案,陈默就放弃了,心想:反正也想不出个所以然,何必浪费那个时间,还不如好好玩一段时间再说呢。慢慢地,他开始掉进网络游戏的陷阱中。星期天,陈默来找杨海林一起玩,中午就在杨海林家里吃饭。吃饭的时候,陈默跟杨海林说起他最近玩的那个游戏,说得是眉飞色舞,唾沫横飞。杨海林爸爸在一旁皱起了眉头。"高考在即,还有心思玩游戏。"杨海林爸爸将心里的想法说出来了。

"叔叔,我爸已经联系好了国外的学校。"陈默毫不在意,"我就等着高考完了出国,人生就那么回事,现在不玩以后不一定有机会玩了。"

听到这话,杨海林爸爸眉头皱得更深了,说:"杨海林,陈默,"看着两个人抬起头来,杨海林爸爸才再次开口,"你们现在正处于一个很危险的年龄段,需要思考的问题很多,如果不把握正确方向的话,很容易误入歧途。"

"爸,我知道你要说什么,好好学习,天天向上嘛。我们都懂的。"杨海林调皮地顶了句。

"不,光好好学习还不行。"杨海林爸爸不知道是没听出来杨海林话里有话呢,还是怎么着,一本正经地说,"现在科技那么发达,'两耳不闻窗外事,一心只读圣贤书'肯定是行不通的。你们平时上网的时候,也要多浏览各种新闻,学会从各种信息中辨别真假善恶,培养自己独立思考的意识。"

鼓励孩子上网,这可不是一般父母能做到的。杨海林和陈默这下可洗耳恭听起来了。"一个人一生想做什么,想成就什么样的事业,这不是凭空想来的,而是在后天的学习、积累过程中慢慢形成的。越早知道自己想要什么,也就越能成功。你们现在还不知道自己想要什么,很茫然,这是正常现象。"杨海林爸爸说,"孩子们,学业对你们来说非常重要,所以必须要在这个阶段打好基础,不断积累自己的人生财富,只有你学得多了,你才能更明白什么是自己想要的。这需要你们多方面地吸取经验,学习知识,参与各种实践活动,从中寻找自己的理想、兴趣所在。人生确实是一段旅程,但是怎么走,却决定着你一路的风景。"

"说得好。"陈默竖起了大拇指,"叔叔,听您这一席话,我真的是备受启发。我们确实需要充实自己,不断努力,把控住自己人生的'方向盘',有方向才不会迷茫,人生才会有更多的希望。"

不光这些临近毕业的学生们感觉迷茫,其他的人又何尝不是呢？时代的飞速发展不仅带来了经济的繁荣，很多人也在这五光十色的霓虹灯中迷失了自己，找不到人生的方向。无论是在何种情况下，如果不能确定自己人生的方向，或者不能朝着这个方向而努力，那最后的结果就只有失败。

朋友们，人生的"方向盘"需要自己去掌控，没有谁能代替你去走完自己的一生，我们要为自己而活。你的目标是否坚定，也取决于这个目标是否出于你真正的意愿，是否符合你的实际情况，是否真正扎根在你的内心深处。如果一个人没有目标和方向，那么他就会变得懒散、懈怠，缺乏积极性和上进心，所以说方向对于人生有着很大的指引作用，可以说是我们前进的动力，我们一定要好好把控。同时，在朝着自己目标努力的过程中，我们要不断修正自己的方向，才能真正掌握自己的人生。

你是你自己，才有精彩的人生

《伊索寓言》中有这样一个故事：一个老头儿和一个小孩子用一头驴子驮着货物去赶集。赶完集回来，孩子骑在驴上，老头儿跟在后面。路人见了，都说这孩子不懂事，让老年人徒步。孩子就忙下来，让老头儿骑上。于是旁人又说老头儿怎么忍心，自己骑驴，让小孩子走路。老头儿听了，又把孩子抱上

第09章
找到方向，驶向未来的路就在脚下延伸

来一同骑。骑了一段路，不料看见的人都说他们残忍，两个人骑一头小毛驴，把小毛驴都快压死了，两人只好都下来。可是人们又都笑他们是呆子，有驴不骑却走路。老头儿听了，对小孩子叹息道："没法子了，看来我们只剩下一条路，我们扛着驴子走吧！"

故事中的一老一少过于在意别人的看法，因此最后不知所措，他们可以说是完全让别人牵着鼻子走。是的，不管怎么做你都无法满足所有的人，所以说，不要让他人左右你前进的方向，做好自己，让结果不留遗憾，这就已经非常不错了。

朋友们，想清楚，自己的方向是靠自己控制的，前进道路的选择权也掌握在你自己手中，别人可以给你建议，但是做主的还是你自己，所以说，快乐地做我们自己吧！按照自己的意愿去做人做事，我们就不必勉强改变自己，不必费心掩饰自己。这样，就能少一些精神的束缚，多几分心灵的舒展；就能少一点不必要的烦恼，多几分人生的快乐与洒脱。

有一个女孩叫珊珊，从小长得不是很漂亮，她非常胖，跟同龄的孩子比起来年龄显得大一点。一直以来她非常的自卑、敏感。珊珊的妈妈总是用自己的方法来打扮珊珊，让她感觉自己要比其他同龄的孩子大得多，珊珊也从来不和其他的孩子玩，她看起来非常害羞，总是独来独往。

后来，珊珊长大成人，直至结婚，她的性格也是没什么变化。珊珊总是躲在自己的壳里，跟老公的家人也很少交流，幸

好老公的家人都非常好,他们鼓励珊珊走出自己的世界,希望她能变得开朗,但是他们所做的一切,总是令她紧张不安,有时她甚至害怕听到电话的声音。珊珊不愿意参加各种活动,对于那些实在推不掉的应酬,在表面上珊珊看着比较高兴,但是她的眼神里总是充满着恐慌。珊珊很在意他人的看法,如果看到别人在窃窃私语,她就会认为大家在议论她;如果别人多看她一眼,她就会认为那人是嫌她胖,或者厌恶她的穿着。每一天的生活对珊珊来说都很难受,她觉得生活没有意义。

看到珊珊的现状,她的婆婆非常着急。有一次,她跟珊珊谈话,询问珊珊到底怎么想的。交流一番之后,婆婆明白了她的心思,也给了珊珊很多建议。最后,婆婆说:"珊珊,每个人都是独一无二的,那么,我们就应该保持自我,也就是说保持自己的本色,这样你才会活得轻松快乐啊!"这句话让珊珊恍然大悟,她明白她总是生活在别人的世界中,总是用别人的眼光、别人的模式来要求自己,根本就没活出真实的自我来。

从此以后,珊珊就变了。她开始重新审视自己,在乎自己的想法和看法,她选择适合自己的穿衣风格,她主动接听电话,甚至主动联系朋友,参加各种活动,虽然还是有些紧张,但是她已经能有勇气在活动中发言。珊珊说:"每个人都在主动接近我,我看到他们真的很亲切,很开心。"老公一家看到珊珊的变化也很欣喜。

爱默生在散文《自恃》中写道:"每个人在受教育的过程

当中，都会有段时间确信：物欲是愚昧的根苗，模仿只会毁了自己；每个人的好坏，都是自身的一部分；纵使宇宙充满了好东西，不努力你什么也得不到；你内在的力量是独一无二的，只有你知道自己能做什么。"朋友们，我们要明白，最精彩的活法就是保持自我。没有了自我，何谈生活？我们每一个人都是独一无二的，我们都有自己的生活需要经营。所以说，做好自己，把控住自己人生的方向，不要被他人左右，活出自己最精彩的人生。

你要有自己的兴趣爱好，人生才不会无趣

中国现代哲学家、哲学史家张岱年曾经说过这样一段话："养生之道并非高深莫测，无非在为人处世方面，要看透事物，不要去自寻烦恼；须知，福德即在我身，何须外求？因而要以德邀福，以善驱凶。另外，热爱生命者要接受生活，所以要注意培养兴趣和爱好，时常做一些能使自己身体放松、心态平静的事情，如听音乐、练书法、看书、静坐、散步、练太极拳、到大自然中去欣赏清风明月，绿水青山……如果说有养生秘籍，我所公开的这些秘籍，人人都可以做到，问题就看你去不去做……"是的，培养一些兴趣爱好对一个人的身心健康有着很重要的作用。正如现在，很多人在这个物欲纵流的社会里

迷失了自己，感到压抑、空虚、迷茫，倘若多培养一些兴趣爱好，比如，健身、旅游、读书等，在一些闲暇的时间或烦闷迷茫的时候，这些都会充实你的生活。此外，这些兴趣爱好对于提高人的生活质量、不断修正人生的方向也有着很大的作用。

小艾是某公司的一位设计师，有一个体贴的老公、一个可爱的儿子，周围的人总是说，"小艾，你每天看起来好快乐""小艾，你过得真幸福，真羡慕你"。说实话，小艾也对自己的生活很满意，不过她知道这一切都是兴趣爱好带来的。

小艾的兴趣比较广泛，只要是一切美的事物，她都喜欢。小艾有几项固定的兴趣爱好，比如，画画、看书、做瑜伽、听音乐、唱歌……生活几近枯燥乏味时，小艾就通过自己的这些兴趣爱好陶醉在自己的世界里，充实自己的生活，而这也是她快乐的动力。不过，生活对小艾也不总是"微笑"的，她的工作、家庭中难免会发生不愉快的事情，此时小艾依然会用自己的喜好来调整自己，比如，组织几个姐妹去健身房锻炼，在运动中释放自己的压力，让烦恼随汗液一起排泄出来。

其实兴趣爱好对于小艾来说不仅可以调整身心，还使她的生活品位和个人修养得到了很大的提升，小艾能够从不同的娱乐中总结出生活的智慧，发现生活的新天地。因此，小艾的工作灵感一次次迸发，多次得到了经理的表扬，获得了老公的万般宠爱。

朋友们，不要抱怨你的生活多么的枯燥和无聊，那是因

第09章
找到方向,驶向未来的路就在脚下延伸

为你还不懂生活,还没有发现其中的美。懂得感受生活的人,总是能经营出不一样的乐趣,每天都是丰富多彩、斑斓多姿的。生活中,当然应该有工作,同样也应该有业余爱好。如果你只知道死板地沉浸在工作或者固定的生活状况里,那么你的人生可能就会黯然失色。一个人如果怀有浓烈的兴趣爱好,他必定比旁人更能体会生命的可贵和可爱,从而获得精神的愉悦。

兴趣爱好使人眼界开阔,使人胸襟豁达,朝气蓬勃,个性也会得到充分发展,精神境界也会得到提升。因为爱好,我们才会自觉去完成,深入去研究,而且在做的过程中整个心情是愉悦的、开心的。

陈玉和她的老公李浩是大学同学,李浩家境比较好,毕业之后也有一份非常好的工作,生活可以说是非常宽裕。毕业之后没多久,他们就结婚了。自从和李浩结婚后,陈玉就在朋友的羡慕中辞职做了全职太太,然后经历了怀孕、生子,陈玉的人生似乎就应该围着老公李浩和孩子转了。可是她并不开心,因为她感觉自己的生活很空虚。每天李浩回家后,他们的话题就是孩子今天怎么样,今天吃什么。陈玉越来越觉得自己的生活很压抑,需要呼吸一下外面的新鲜空气。

有一次,陈玉和以前的同学一起聚会,对以前的几个闺中密友说了自己的苦闷,其中一个同学张静对她说:"陈玉,你别不知足了,你这是生活过得太舒坦了,吃喝不愁,不用还

房贷,也不用为了一点经济问题犯难,你还说空虚?"另一个同学李云说:"其实我还是比较理解陈玉的,因为之前我也是这样的生活,感觉都找不到自己了,一个人没有了生活的乐趣和追求的目标。一个女人整天被限制在家庭琐事中,的确很苦闷。其实我觉得你应该重新去寻找生活的目标,寻找自己的兴趣爱好,有了这些,生活自然就有了意义。"听了朋友的话,陈玉决定出去工作,在一个舞蹈学校做老师。

从那以后,陈玉忙碌起来了,虽然忙,但她的生活开始有滋有味,她也慢慢地了解到老公工作的辛苦,两人的关系似乎又回到了恋爱的时候。

有了自己的兴趣爱好,生活就会变得五彩缤纷,也会有着向上的动力,不会再感到无聊、压抑。因为,一个有思想的人是不会允许自己的人生死气沉沉的。

坚持"充电",你才有前进的能量

有一句名言是这样说的:"除了生命外,我们还有一样东西不能放弃,那就是学习。"是的,所谓的"活到老,学到老"就是这个道理。在现在这个充满竞争的时代,我们只有不断的学习充实自己才能更好地适应社会的发展,才能在自己前进的道路上不会迷失方向。社会的竞争规则是强者胜,企业

第09章
找到方向，驶向未来的路就在脚下延伸

的用人标准是能者上。就算你曾经风光无限，但如果你停滞不前，很快就会被甩在后面，甚至惨遭出局。朋友们，时时为自己"充电"，带着满满的能量出发吧！

　　李志鹏是一所大学法律系的大学生，从小他就梦想自己有朝一日能够成为一名出色的律师。所以，上大学时他毫不犹豫地选择去一家律师事务所打工，李志鹏的同学都嫌进律师事务所给人打工赚钱工资太少活又累，简直就是浪费青春，可是李志鹏却不这样想。临近毕业的时候他就已经搜集了很多律师事务所的资料，了解了一些比较出名的律师，其中一位叫李海的律师就是他非常想要学习的榜样。李海为老百姓打官司，无论多么难办的案子他都能厘清头绪，被人称为"百姓的律师"。大学毕业后，李志鹏来到这家律师事务所，想方设法为李海老师工作。李志鹏每天跟在李海老师后面，一点一滴地向他学习，和李海老师一起办了几件大官司。渐渐地，当地的百姓都知道李海老师有一个好学生叫李志鹏，他的办事能力很强。李海老师每当忙不过来的时候，事情都交给李志鹏做。李志鹏终于也成了当地著名的律师，实现了自己的理想。

　　如果你不知道怎样去提升自己，激发自身的潜在力量，那就找一位你所热衷的行业里的成功的前辈作为榜样来学习，你可以全方位、多角度地学习前辈的方法、模式、经验，时间久了，遇到合适的机会，你就会在这个领域成就一个不平凡的自己。

东吴名将吕蒙,因家庭条件没有读书,但他作战英勇,屡立战功。孙权即位后,就提升吕蒙做平北都尉。

公元208年,孙权派吕蒙为先锋,亲自攻打黄祖。吕蒙没有让孙权失望,他斩了黄祖,胜利回师,被提升为横野中郎将。

但吕蒙有个缺陷,他学识不高。带兵镇守一方,每向孙权报告军情时,他只能口传,无法书写。一天,孙权对吕蒙和蒋钦说:"你们从十五六岁开始,一年到头打仗,没有时间读书,现在做了将军,应该多读些书。"吕蒙说:"忙啊!"孙权说:"再忙,有我忙吗?我不是要你做个寻章摘句的老学究,只要你粗略地多看看书,多学习一点。"说着给他详细列出《孙子兵法》《六韬》《左传》《国语》《史记》《汉书》等书单。

此后,吕蒙开始发奋读书,后来竟达到了博览群书的地步。

鲁肃做都督的时候,仍然以老眼光来看待吕蒙,以为吕蒙还是学识不高的武将。有一次,鲁肃同吕蒙聊天。吕蒙问鲁肃:"您肩负重任,对于相邻的守将关羽,您做了哪些防止突袭的部署?"鲁肃说:"还没有主意!"吕蒙就向鲁肃陈述了吴、蜀的形势,提了五点建议。鲁肃听了非常佩服,赞扬吕蒙见识非凡,认为吕蒙很有才华。鲁肃走到吕蒙跟前,拍拍他的后背说:"真是聪明一世,糊涂一时,你进展如斯,我却总以为你只有勇武。不想，听君一席话，茅塞顿开，原来你也是饱有学识，可笑我看走了眼。"

吕蒙一笑说："士别三日，理应刮目相看，况且你我之别，远非三日。今日一叙，大哥你可不能再用老眼光来看我了。"

从此二人成了好朋友。不久吕蒙又接替鲁肃统率东吴的军队，成为一代名将。

这种转变，就是源于不断的学习和努力。

第10章
CHAPTER 10

心向阳光，
你就会充满温暖和能量

> 你无法左右天气的变化，但是你可以左右自己的心情，因为一个人的情绪和心态是靠自己来调控的。如果一个人能够拥有一颗充满着正能量的心，那么这个人的每一天都是崭新而多彩的。朋友们，我们要努力做一个像向日葵一样的人，让我们的内心充满阳光，那么即便是面对艰难困苦，我们也能够从容不迫。

换个角度，看到事情的另一面

《生活是美好的》一文写出了契诃夫对生活的态度和感悟，对于那些片面理解生活的人来说是一种精神安慰和力量支持：

要是火柴在你的衣袋里燃起来了，那你应该高兴，而且感谢上苍：多亏你的衣袋不是火药库。要是有穷亲戚上别墅来找你，那你不要脸色发白，而是要喜洋洋地叫道："挺好，幸亏来的不是警察！"要是你的手指头扎了一根刺，那你应该高兴：挺好，多亏这根刺不是扎在眼睛里！……要是你有一颗牙痛起来，那你应该高兴：幸亏不是满口的牙痛。

契诃夫在文章最后写道："依此类推……朋友，照我的劝告去做吧，你的生活就会欢乐无穷了。"其实，事情没有绝对的好坏，关键是看你对待世界的态度，如果我们总是能从中看到积极的一面，那么我们的生活每天都会充满阳光。

有个秀才进京赶考，住在一个旅店里。考试前两天，他做了三个梦，第一个梦是梦到自己在墙上种白菜，第二个梦是梦到下雨天，他戴了斗笠还打伞，第三个梦是梦到跟心爱的表妹脱去了衣服躺在一起，却是背靠着背。

第10章 心向阳光，你就会充满温暖和能量

秀才解不透这三个梦的寓意，第二天就赶紧去找算命的解梦。算命的一听，连拍大腿说："你还是回家吧。你想想，高墙上种菜不是白费劲吗？戴斗笠打雨伞不是多此一举吗？跟表妹衣服都脱去了，躺在一张床上了，却背靠背，不是没戏吗？"

秀才一听，心灰意冷，回店收拾包袱准备回家。店老板非常奇怪，问："不是明天才考试吗，今天你怎么就回乡了？"

秀才如此这般说了一番，店老板乐了，说道："哟，我也会解梦的。我倒觉得，你这次一定要留下来。你想想，墙上种菜不是高种（中）吗？戴斗笠打伞不是说明你这次有备无患吗？跟你表妹脱掉了衣服，背靠背躺在床上，不是说明你翻身的时候就要到了吗？"

秀才一听，觉得更有道理，于是精神振奋地参加考试，结果中了个探花。

每个人看问题的角度都不一样，所以对待同一件事也会呈现出不同的表现和态度。如果我们此刻的心态消极被动，我们不妨试着换个角度来思考我们的现状，或许我们会从中找出不一样的惊喜。

如果你感到心情低落，总是消极地看待事物，或许《丑女贝蒂》中贝蒂的这一角色会给你带来很多的积极力量。

初见贝蒂，你会认为，像她这样一个相貌平凡、体形过胖，还满嘴牙箍的土气女孩一定不会适合时尚界，但是事实并

非如此。

虽然外表平平，可贝蒂是一个年轻而自信的女孩，她聪明、能干，并受到了出版界龙头老大布拉福德的赏识。于是，"土气"的贝蒂得以在美女林立的世界得到了一席之地——在布拉福德的Mode时尚杂志社中获得一份工作。

而布拉福德有自己的打算：他刚刚将Mode杂志社交给自己那个刚从哈佛毕业、帅气而又花心的儿子丹尼尔打理，他之所以会选择贝蒂当丹尼尔的新助理，其实是出于一个奇怪的理由：她可能是全纽约唯一一个让丹尼尔看不上的女人。

贝蒂虽然明知这一切，却并不在意老板的想法，能够成为最出色的时尚杂志中的一员，她已经非常高兴了。就算周围不断有同事对她肥胖的身材、糟糕的发型、落伍的衣着发出嘲笑之声，她也丝毫不伤心：她能看到的是自己美好的未来，以及家人提起自己时骄傲的笑容。

丹尼尔的帅气与聪明瞬间迷倒了贝蒂，可这位早已在众多美女中待惯了的大男人对出现在自己眼中的丑女自然是看不顺眼，甚至因为自己必须要和她绑在一起而相当恼火。但贝蒂决心要证明自己是他最有能力且最合格的助理。她不断地学习新的知识，同时以自己坚强的性格与聪明才智应对着周围的尔虞我诈。最重要的是，她在这个原本不属于自己的地方，发掘了自己超级精明的时尚感，并最终成功地证明了自己，获得了丹尼尔与其他同事的认可。

第 10 章
心向阳光，你就会充满温暖和能量

总之，生命就是一连串的选择！对于我们的生命，可以有两种选择：享受它或是憎恨它。这是完全属于我们自己的权利。没有人能够控制或夺取的东西就是我们对生活的态度。请换一个角度，积极乐观地面对生活吧！

心向阳光，就不惧黑暗

想起向阳花，我想每个人的脑海中都会浮现出盛夏的浓绿和那金黄明丽交织的美。向阳花的美在于追随阳光，幸福绽放。我们要做一棵美丽的向阳花，追随阳光，保持阳光般的心态。因为，只有拥有阳光心态，我们才能够体会生命在辉煌时刻的壮丽，才能让自己充满能量，让家庭充满温馨，从而获得美好人生。

不同的人有着不同的心态，所以对待同一事物也会表现出不同的感受。悲观的人总是看到事情不好的一面，乐观的人即便身处逆境，也能保持阳光般的心态。正所谓"相由心生"，只要我们用阳光般的心态对待生活，我们的脸上就会绽放出最美的笑容。

普希金的《假如生活欺骗了你》就是一首充满阳光心态的小诗：

假如生活欺骗了你，

不要悲伤,不要心急!

忧郁的日子里须要镇静:

相信吧,快乐的日子将会来临。

心儿永远向往着未来;

现在却常是忧郁:

一切都是瞬息,一切都将会过去;

而那过去了的,就会成为亲切的怀恋。

朋友们,一切苦难终将会过去,只要我们用阳光的心态去面对,快乐的日子终将会来临的。鲁滨孙太太这样描述她的经历:

美国庆祝陆军在北非获胜的那一天,我接到了国防部送来的一封电报,我的侄儿——我最爱的一个人在战场上失踪了。过了不久,又来了一封电报,说他已经死了。

我悲伤得无以复加。在那件事发生以前,我一直觉得生命非常美好,我有一份自己喜欢的工作,并努力带大了侄儿。在我看来,他代表着美好的一切。我觉得我以前的努力,现在都有很好的收获……然而,收到了这封电报,我的整个世界都破碎了,我觉得再也没有什么值得我活下去。我开始忽视自己的工作,忽视自己的朋友,我抛开了一切,既冷淡又怨恨。为什么我最疼爱的侄儿会离我而去?为什么一个这么好的孩子,还没有真正开始他的生活,就死在战场上?我没有办法接受这个事实。我悲痛欲绝,决定放弃工作,离开我的家乡,把自己藏在眼泪和悲痛之中。

就在我清理桌子、准备辞职的时候，突然看到一封我已经忘了的信，是几年前我母亲去世的时候，我的侄儿给我写来的一封信。"当然我们都会想念她的，"那封信上说，"尤其是你。不过我知道你会撑过去的，以你个人对人生的看法，就能让你撑过去。我永远也不会忘记那些你教我的美好的真理：无论我在哪里，无论我们分离得多么远，我永远都会记得你教我要微笑，要像一个男子汉一样承受所发生的一切。"

我把那封信读了一遍又一遍，觉得他似乎就在我的身边，正在对我说话。他好像在对我说："你为什么不照着你教给我的办法去做呢？撑下去，不论发生什么事情，把你个人的悲伤藏在微笑底下，继续过下去。"

于是，我重新开始工作。我不再对人冷淡无礼。我一再对自己说："事情到了这个地步，我没有能力改变它，不过我能够像他所希望的那样继续活下去。"我把所有的思想和精力都用在工作上，我写信给前方的士兵——别人的儿子们。晚上，我参加成人教育班，寻找新的兴趣，结交新的朋友。朋友们都不敢相信发生在我身上的种种变化。我不再为已经永远过去的那些事悲伤，我现在每天的生活都充满了快乐，就像我侄儿要我做到的那样。

生活是喜怒哀乐之事的总和，这点我们必须清楚。不顺心、不如意，是人生不可避免的一部分，这些都是我们个人的力量所不能左右的。所以说，我们要像向阳花一样追随着阳光，不管怎么样我们要记得用乐观向上的心态对待前方的风风雨雨，而当这种态度占据一个人的心灵后，他就拥有了阳光的心态。

保持正能量，积极向前

1809年，他出生在荒野上的一座孤独的小木屋里。

1816年，他才7岁，他的全家被赶出居住地。他们一家人经过长途跋涉，穿过茫茫荒野，找到一个窝棚。

1818年，他9岁，他年仅36岁的母亲不幸去世了。

1826年，他17岁，他已经什么农活都能干了，经常帮人打零工。

1827年，他18岁，他自己制作了一艘摆渡船。

1831年，他22岁，他经商失败了。

1832年，他23岁，他竞选州议员，但最终落选了。他还想进法学院学法律，但考不进去。

1833年，他24岁，他向朋友借钱经商，但年底就破产了。接下来他花了16年才把这笔债还清。

1834年，他25岁，他再次竞选州议员，竟然赢了。

1835年，他26岁，在订婚后即将结婚时，未婚妻死了，他

第10章 心向阳光，你就会充满温暖和能量

因此心也碎了。

1836年，他27岁，他的精神完全崩溃，并卧病在床6个月。

1838年，他29岁，他努力争取成为州议员的发言人，但没有成功。

1840年，他31岁，他争取成为被选举人，但落选了。

1843年，他34岁，他参加国会大选，但又落选了。

1846年，他37岁，他再次参加国会大选，这次当选了。

1848年，他39岁，他寻求国会议员连任，失败了。

1849年，他40岁，他想在自己的州内担任土地局长，但被拒绝了。

1854年，他45岁，他竞选参议员，但落选了。

1856年，他47岁，他在共和党的全国代表大会上争取副总统的提名，得票不到100张。

1858年，他49岁，他再度参选参议员，再度落选。

1860年，他51岁，当选为美国总统。

相信这一串的时间和这时间后面的故事让大家震撼、敬佩，这个人就是林肯，一个备受爱戴的美国总统。在他不算太长的一生当中，挫折和打击总是伴随着他，但他的乐观与幽默打动了无数人。他的故事让人们明白了什么是正能量，那是一种健康向上的精神、积极乐观的态度。当下，人们经常为那些积极的、健康的、催人奋进的、给人力量的、充满希望的人和事，贴上"正能量"的标签。无论是学习、生活，还是工作

中，我们都要记得多一点微笑，多一点乐观，时刻充满着正能量，让快乐随之而行。

刘阳阳毕业于一所不错的大学，专攻文学，走上工作岗位已经三年了。三年前，刘阳阳在上海的时候，她通过网络看到一则招聘信息，正好是她感兴趣的文案策划工作。于是刘阳阳就填写好自己的简历，按照上面提供的联系方式，把自己的简历投递到该公司的邮箱里。随后刘阳阳开始上网找到该公司的网站，详细了解了该公司的信息。几天之后，刘阳阳意外地接到了该公司的电话，要她在周一的上午到公司参加面试。

面试成功后，刘阳阳成了这家公司的一名正式员工。工作中的一次偶然机会，刘阳阳问部门经理吴姐："在那么多参加应聘的求职者中，吴姐为什么会选择我呢？"

此时吴姐的回答有些出乎刘阳阳的意料："是你的微笑感染了我。通过微笑，我看到你有一种其他求职者不具备的自信。"

原来是这样，刘阳阳起初还以为是自己的高学历和突出的表现让自己能够成功留在公司呢！

工作后，刘阳阳总是尽最大努力保质、保量地完成吴姐交给她的任务，还常常加班加点地熟悉公司的业务。有一次，吴姐让刘阳阳做一个策划，由于刘阳阳对业务已经非常熟悉，再加上她自身的文学功底本来就十分了得，所以，她只花几个小时的时间就完成了任务，还得到了上面领导的赞赏。平时上班的时候，刘阳阳总是一脸的微笑，不论对任何人她都能用微笑来连接彼此的感情，在很短的时间内刘阳阳就和公司里的同事成为了好朋友。此外，在工作上刘阳阳也是非常上进，有责任感，平时遇到不懂的问题她不仅虚心请教前辈，私下里也是不断学习充实自己。刘阳阳有着良好的心态，遇到困难也从不退缩。在她看来，只要相信自己，努力学习，就没有过不去的坎儿。积极的心态让刘阳阳的每一天都充满着欢乐，同时也为大家带来了很多正能量。于是在进入公司不到一个月，刘阳阳就结束了试用期，又过了一段时间，公司鉴于她良好的表现决定为她加薪升职。

刘阳阳的身上很好地体现了什么是正能量。一个充满着正能量的人不仅自己是幸福的，同时他也会为周边的人带来欢乐和力量。我们应该学习刘阳阳的这种精神，做一个充满正能量的人，一个积极乐观的人，一个时刻保持微笑的人。

总之，一个人内心是否充满正能量可以决定一个人的成长高度，做任何工作，任何事情，都是如此。一个人的内心如何决定了他能否把这份工作、这件事情做得更完善、更完美，同时，也决定着一个人能否走上更高的职位。

你快乐还是悲伤，全由心掌控

你无法掌控天气的好坏，但是你可以选择心情的好坏。叔本华说:"人们不受事物影响,却受到对事物看法的影响。"世上没有糟糕的事情,只有糟糕的心情。朋友们,好的心情是靠自己来掌控的,以什么样的精神状态来生活,关键是看你怎么选择。

凯文是一家公司的部门经理,在生活中他是一个非常乐观向上的人。当有人问他近况如何时,他总是回答:"我非常非常快乐。"如果哪位朋友心情不好,他就会告诉对方怎么去看到事物好的一面。他说:"清晨,当我醒来的那一刻我都会用一个幸福的微笑来面对一天的生活。我告诉自己,今天是新的一天,我可以开开心心地度过,也可以垂头丧气地度过,全凭自己的心,那我为什么不选择快乐呢?每次有坏事情发生,我可以选择成为一个受害者,也可以选择从中学些东西,我选择后者。人生就是选择,你要学会选择如何去面对各种处境。归根结底,即自己选择如何面对人生。"

有一次,凯文被三个劫匪拦截了,在争执的过程中不小心被持枪的劫匪击中。当时比较庆幸的是凯文及时被人送进医院抢救。经过十几个小时的抢救和几个星期的精心治疗,凯文出院了,只是仍有小部分弹片留在他体内。

过去了一段时间之后,凯文的好友玛丽见到了他,当玛丽询问凯文最近一段时间过得如何的时候,凯文还是那句话:"我非常非常快乐。"紧接着,凯文就问玛丽:"想不想看看我身上的疤痕?"玛丽看了他身上的那道疤痕,然后问当时他想了些什么。凯文答道:"那一刻在我大脑里只闪现出两个想法,要么就是悲观地死去,要么就是坚强地活下去,当然我怎么可能放弃我的生命呢?医护人员都很好,他们告诉我,我会好的。但在他们把我推进急诊室后,我从他们的眼神中读到了'他是个死人'。我知道我需要采取一些行动。"

"你采取了什么行动?"玛丽问。

凯文说:"当时那位医生问我对什么东西过敏。我马上回答'有的'。这时,所有的医生、护士都停下来等我说下去。我深深吸了一口气,然后大声吼道,'子弹!'在一片大笑声中,我又说道,'请把我当活人来医,而不是死人'。"

就这样凯文活下来了。

其实就是这个道理,心情的好坏对人的身体有着很大的影响,有时候还会关系到你的生命。所以说,开心是一天,不开心也是一天,为何不选择天天开心呢?不管生活怎样,我们还是要勇敢、坚强的微笑下去。

斯蒂芬·威廉·霍金,是当今享有国际盛誉的科学家之一,被称为"宇宙之王"。然而,这位科学巨匠却是一位依靠轮椅生活了三十余年的高位瘫痪的残疾人。

一次,霍金做学术报告的结尾,一位年轻的女记者突然跃上讲坛,充满悲悯和同情地问他:"霍金先生,你永远固定在轮椅上,不认为命运让你失去了太多吗?"女记者的这一具有相当重量性的问题让人声鼎沸的报告厅瞬间变成了鸦雀无声。

然而，霍金的脸上却依然充满恬静的微笑，他用还能活动的手指，艰难地叩击键盘，于是，随着合成器发出的标准伦敦音，宽大的投影屏上缓慢却醒目地显示出如下一段文字：

"我的手指还能活动；我的大脑还能思维；我有终生追求的理想；有我爱和爱我的亲人和朋友；对了，我还有一颗感恩的心……"

当霍金打出了这些字后，不仅是刚刚问话的女记者，包括现场所有的人都热泪盈眶，发出了雷鸣般的热烈掌声！

是的，我们左右不了命运，但是我们可以改变自己的心态，我们可以让自己人生变得更加绚丽多彩。如果一个人，对生活抱着一种乐观的态度，就不会稍有不如意便自怨自艾。大部分终日苦恼的人，实际上并不是遭受了多大的不幸，而是自己的内心对生活的认识存在偏差。事实上，生活中有很多坚强的人，即使遭受不幸，他们在精神上也会岿然不动。

每天为自己上一堂自我反省课

林杨已经毕业两年了，可是这两年来，他不仅没有稳定的工作，也没有什么发展目标，可以说是郁郁不得志。其实这两年的时间他一直都处于跳槽的状态，最近又开始打算进行第七次跳槽。说是由于得不到老板的重用，身边的同事大多不愿和他谈话，他对那份工作一点兴趣也没有了。他想辞职另找一份工作。

林杨不仅不知道改进，而且还没有自知之明，感觉自己非常了不起，处处爱争强好胜。更过分的是他总是不把别人放在眼里，感觉自己高人一等似的。在大学的时候就由于这种性格和很多同学搞僵了关系，他的人际关系非常糟糕，所以在学校的时候，他就盼望早点毕业换个新环境来摆脱学校这个他认为很糟糕的环境。

终于熬到毕业了，这下林杨感觉自己马上就要呼吸到新鲜的空气了。他曾经告诉他的好友，在以后工作的时候一定好好努力，早日有所作为，闯出自己的一片天地，终有一天会让那些讨厌他或者瞧不起他的人另眼相看。可是两年来，他频频跳槽，由毕业前的雄心壮志，毕业初的踌躇满志，变成了现在的郁郁不得志。林杨十分伤感地问起昔日的朋友：

"你能不能告诉我，为何已经工作两年了，一切重新开始了这么久，我还是不被大家喜欢呢？"

这时，朋友就用一个故事来为林杨指点迷津：一只乌鸦打算飞往南方，途中遇到一只鸽子，一起停在树上休息。鸽子问乌鸦："你这么辛苦，要飞到什么地方去呢？为什么要离开这里呢？"乌鸦叹了口气，愤愤不平地说："其实我不想离开，可是这里的居民都不喜欢我的叫声，他们看到我就撵我，有些人还用石子打我，所以我想飞到别的地方去。"鸽子好心地说:"别白费力气了。如果你不改变你的声音,飞到哪儿都不会受欢迎的。"

听完故事之后,林杨终于明白了,此时他满脸通红,终于知道了自己的弱点所在。

朋友们,一个人如果一直活在自我的世界里不敢面对自己的过错,那么这将是一件很可怕的事情。如果不及时走出来,不及时反省自己,那么我们将无法迎接崭新的生活。所以说,只有学会自省,才能更好地告别自己的失败,迎接崭新的人生。

秦昭襄王派兵入侵赵国边境,占领了几个城池。为了使赵国屈服,他后来又耍了个花招,请赵惠文王到秦地渑池去会见。蔺相如同赵惠文王一块儿赴约,廉颇在本国辅助太子留守。蔺相如不辱使命,保全赵国的尊严,立了大功。赵惠文王拜他为上卿,地位在大将廉颇之上。廉颇很不服气,私下对自己的门客说:"我是赵国大将,立下了汗马功劳!蔺相如有什么了不起?倒爬到我头上来了。哼!我见到他,非要给他点颜色看看。"

这句话传到蔺相如耳朵里,蔺相如就装病不去上朝。

有一天,蔺相如带着门客坐车出门,老远就瞧见廉颇的车马迎面而来。他连忙退到小巷里去,让廉颇的车马先过去。这一举动,使他手下的门客感觉受到了侮辱。

蔺相如对他们说:"你们看廉将军跟秦王比,哪一个更厉害呢？"

门客们说："当然是秦王。"蔺相如说："对呀！天下的诸侯都怕秦王。为了保卫赵国，我就敢当面指责他，怎么我见了廉将军反倒怕了呢？因为我想过，强大的秦国不敢来侵犯赵国，就是因为有我和廉将军两人在。要是我们两人不和，秦国知道了，就会趁机来侵犯赵国。为了赵国的利益，我宁愿忍让点儿。"

有人把这件事告诉了廉颇，廉颇感到十分惭愧，自己和蔺相如同为赵国的柱石之臣，可是自己却只是为了自己的私利而斤斤计较，蔺相如却是那样大度，这就愈发使他感觉到惭愧了。于是他就赤裸着上身，背着荆条，到蔺相如的家里请罪。他见了蔺相如说："我是个粗鲁的人，哪儿知道您竟这么大仁大义，我实在没脸来见您，请您责罚我吧。"

蔺相如连忙扶起廉颇，说："咱们两个人都是赵国的大臣。老将军能体谅我，我已经万分感激了，怎么还来给我赔礼呢？"

从这以后，两人就成了知心朋友，廉颇这种知错能改的胸怀，历来为人们所传颂。

倘若廉颇不知道反省自己的过失，那么这又将会是一个什么结局呢？反省是一个人必备的素质，如果能随时审视自己过去的言行，就可以找出以往看待事物的观点是对是错。若是正确，则以后可以继续以此眼光去面对这个世界；如果是错的话,那就需不断地调整自己的方向,弥补自己的不足,这样一来就可以帮助你以后用正确的观点去看待周围的人和事了。

凡事看淡,宠辱不惊

有一天,某个农夫的一头驴子,不小心掉进一口枯井里,农夫绞尽脑汁想救出驴子,但几个小时过去了,驴子还在井里痛苦地哀号着。最后,这个农夫决定放弃,他想这头驴子年纪大了,不值得大费周章去把它救出来,不过无论如何,这口井还是得填起来,以免它以后再来害人。

于是农夫便请来左邻右舍帮忙一起将井中的驴子埋了,不让它继续痛苦下去。农夫的邻居们人手一把铲子,开始将泥土铲进枯井中。当这头驴子了解到自己的处境时,刚开始嚎叫得很凄惨。但出人意料的是,一会儿之后这头驴子就安静下来了。农夫好奇地探头往井底一看,出现在眼前的景象令他大吃一惊:当铲进井里的泥土落在驴子的背部时,驴子的反应令人称奇——它将泥土抖落在一旁,然后站到铲进的泥土堆上面!

就这样,驴子将大家铲到它身上的泥土全数抖落在井底,再站上去。很快地,这只驴子便轻松地上升到井口,然后在众人惊讶的表情中快步地跑开了!

相信这个寓言故事会给我们带来很大的启发,在困境面前

第10章 心向阳光，你就会充满温暖和能量

我们可以选择放弃自己，也可以选择迎难而上，坦然面对。在这个故事中本来看似要活埋驴子的举动，实际上却帮助了它，这也是改变命运的要素之一。如果我们以沉着淡定的态度面对困境，动力往往就潜藏在困境中。

小泽征尔曾经只是日本一个名不见经传的小人物，而后来成为足以征服世界的国际级音乐家、著名指挥家。之所以能够在全球范围内享有如此地位，是基于小泽征尔在法国贝桑松音乐节的国际指挥比赛上的出色表现。

为了向世人证明自己的才华，小泽征尔决定参加贝桑松的音乐节比赛，并充满信心地来到欧洲。但到当地后，立刻就有一个难关在等着他。

原来，在小泽征尔到达欧洲之后，首先得办理参加音乐节比赛的手续。而他的证件竟然不齐全，音乐节执行委员会不能给予他参赛资格，也就是说他将无法参加期待已久的音乐节了！绝大多数的人在遇到这种状况时，通常是就此放弃。但小泽征尔却不同，他不但没有打算放弃，而是平静地接受了这个事实，然后积极地想办法。

首先，他来到日本大使馆，说明整件事的原委，然后要求大使馆提供帮助，但日本大使馆无法解决这个问题。正在束手无策之际，他突然想起朋友曾经跟他说过："美国大使馆有音乐部，凡是喜欢音乐的人，都可以参加。"

于是，他立刻赶到美国大使馆。这里的负责人卡莎夫人过

201

去曾在纽约的某音乐团担任小提琴手。在接到小泽征尔的诉求之后，卡莎夫人面有难色地表示："虽然我也是音乐家出身，但美国大使馆不得越权干预音乐节的问题。"一切看来似乎已经无法继续进行，但在小泽征尔不停地恳求下，原本表情僵硬的卡莎夫人的脸上逐渐浮现出了笑容。

思考了一会儿，卡莎夫人问了小泽征尔一个问题："你是个优秀的音乐家吗？或者是个不怎么优秀的音乐家？"

小泽征尔坚定地回答说："当然，我自认为是个优秀的音乐家，我是说将来可能……"他这几句充满自信的话，让卡莎夫人的手立刻伸向电话。她联络了贝桑松国际音乐节的执行委员会，拜托他们让小泽征尔参加音乐节比赛。结果，执行委员会回答，两周后做最后决定，请他们等候答复。

此时，小泽征尔心中升起了一丝希望。两个星期后，他收到美国大使馆的答复，告知他已被获准参加音乐节比赛。在自己不懈地努力下，他终于取得了正式参加贝桑松国际音乐节指挥比赛的资格。在后来的比赛中，他很顺利地通过了第一次预选，进入决赛阶段。此时，他在自己心中暗暗地鼓励自己："好吧！既然我差一点就被逐出比赛，现在就算不入选也无所谓了！不过，为了不让自己后悔，我一定要努力。"

功夫不负有心人，比赛的结果出乎包括大赛组织者在内的所有人的预料，小泽征尔获得了冠军，从而赢得了世界大指挥家的不可动摇的地位。

惠特曼曾经这样说过:"让我们学着像树木一样顺其自然,面对黑夜、风暴、饥饿、意外等挫折。"人生不如意的事情很多,当问题来了的时候,即便你不面对,那么事情就能过去了?当然不会。既然这样,我们为何不学会淡定从容地去面对问题呢?让自己敞开心扉从容面对,这需要的是一种勇气,一种精神。正因为有了这种勇气、这种精神,人们才会容纳生活中的不公平,人的生命才会更灿烂,更美好!

第11章
CHAPTER 11

实现完美自我蜕变，你的人生也将改变

> 成长的过程就是一个不断修正的过程，一个不断走向自我完善的过程。我们每一个人都不应该抱着得过且过的心态，要学会在每一个人生阶段让自己变得更加优秀。当然走向成功需要一段很长的路，我们必须要有耐心，一个善于等待的人，一切都会及时到来。等待并不是坐享其成，而是需要藏锋守拙，在等待中成就大器，不断改变自己，超越自己，终有一天我们会呈现出自己最完美的一面。

贪念有毒，会让你迷失自我

人之所以会痛苦，很多时候是因为自己总是去奢求一些不现实的东西或者是内心处于无止境的贪求中。心太贪，得到了还想拥有别的，得不到的内心就会陷入无尽的痛苦中。一个贪得无厌的人，给他金银便怨恨没有得到珠宝，封他公爵则怨恨没封侯，这种人虽身居权贵之位却甘心成为精神上的乞丐。很多人总是被内心的贪婪禁锢，最终结局搞得一发不可收拾，甚至有些人会搭上自己的一生，走上违法犯罪的道路。当金钱成为你追逐的对象，一个小小的谎言便能让你上当，贪婪就开始牢牢地控制住你了。

有一天，兄弟二人去城里赶集，在半路上碰到了一位白发苍苍的老爷爷，他说自己是山上的一位神仙。这位老爷爷说："相遇是一种缘分，既然我跟你们兄弟二人有缘，那么我就告诉你们一个秘密。你们所住地方的附近有一座山，这座山在明天早上太阳刚刚升起的时候会开一个山洞，从这个洞口进去就可以看到数不尽的黄金，而且这个洞里的黄金你们是可以拿的，可是有个条件是你们不能久留，在太阳下山之前必须离开山洞，否则你们将会被永远地闷死在大山底下。"

这两兄弟当时简直心里乐开了花，他们怀着无比感激的心情辞别了这位老爷爷，于是迅速地跑回家里做准备，就等着第二天进入山洞里面去取黄金，兄弟做梦都想要得到黄金。

第二天，天还没亮，他们兄弟二人便拿着准备好的袋子上路了，走了一会儿终于到了期盼已久的大山，当他们来到山里，果然看见山脚下裂开了一个山洞，兄弟二人进入山洞，眼前的景象果然和老爷爷所说的一模一样，山洞当中到处都是黄金，取之不尽。

他们当时简直是不敢相信自己的眼睛，冷静下来之后，他们开始疯狂地往自己的袋子里装黄金。他们装了好久好久，终于，弟弟已经把袋子装得满满的，他看了看外面的天，招呼哥哥必须抓紧走了，否则太阳落山之后就永远出不去了。

但是哥哥却非说他的袋子还没装满，弟弟走过去一看，天啊，原来哥哥准备了一个特制的大袋子，要想把这个袋子装满那真的需要费一番工夫。可是问题是，即便是哥哥能把这个特大的袋子装满，他怎么有力气能把这么多的黄金背出山洞呢？完全不可能啊！当弟弟把自己的这一想法告诉哥哥的时候，哥哥不屑地说，只要弟弟帮他装满了袋子，他就一定能够背出去。于是弟弟只好帮哥哥继续往袋子里装黄金，后来袋子终于装满了，可是太阳已经快落下山了，这时他们很着急地往山洞的出口走。

在路上，只背着一小袋金子的弟弟走得比较快，但是哥哥却因为装的黄金太多而寸步难行。

此时，弟弟已经到达洞口，他看了一眼太阳，大声地吆喝哥哥赶紧扔掉黄金往外跑，可是哥哥还是没有理会，笨笨地拖着自己的黄金往洞口走。

在太阳落山的一刹那，劝说不动哥哥的弟弟只好无奈地走出了洞口，当他回过头的时候，山洞已经关闭了，过于贪婪的哥哥和他背负的满满一袋黄金永远地被埋在了山底下。

舍弃并不意味着我们将失去，相反，正是因为舍弃，我们才能更好地生活。人生在世，总会有面临多种诱惑之时，这个时候，我们一定要头脑清醒，要学会有选择地舍弃。如果贪婪过度，那么最后你将会被折磨得疲惫不堪，或许本来你应该得到的东西也因为你的贪婪而不断失去。

在一座大山里，住着一只麻雀和一户人家。麻雀靠捡食农户掉在地上的米粒为生，倒也生活无忧。可田鼠的到来改变了这一切，由于米少鼠多，等到麻雀起床时，几乎只剩下米的碎末了。

麻雀非常恼火，为了抢夺食物，好几次都在半夜起来，但仍然比不过眼疾手快的田鼠。麻雀想，一定要找个机会除掉这些眼中钉。

机会终于来了，一条饥饿的眼镜蛇爬了过来。田鼠们开始整日惶恐不安。这天，天刚蒙蒙亮，眼镜蛇爬到了田鼠的窝边，查看了一番，没发现目标，便把目光瞄向了树上。

安枕无忧的麻雀并不知道危险的到来,就在眼镜蛇张开血盆大口的时候,田鼠及时报警,才让它逃离了危险。

于是,为了生存,麻雀和田鼠开始合作。麻雀在空中巡逻,负责给就眠的田鼠们报警,而田鼠也会给麻雀留下可观的米粒。

随着麻雀的长大,它的胃口也越来越大,它开始不满足了,向田鼠提出了分享一半粮食的要求。但它被拒绝了,原因是田鼠家族又多了两个孩子,需要大量的食物。心怀恨意的麻雀便开始寻思,要是既解决了田鼠,又能保证以后衣食无忧,岂不是两全其美的事?

一个风和日丽的下午,田鼠们爬出来晒太阳,麻雀自告奋勇担任警戒,麻痹的田鼠们便美滋滋地睡了。眼镜蛇如箭一般冲向田鼠一家,在空中盘旋的麻雀发现了,它张了张嘴,但还是忍住了。

不幸的田鼠们成了眼镜蛇的美食,而麻雀最后也被眼镜蛇吃掉了。

诱惑无止境,欲望也无止境。面对形形色色的事物,很多人完全失去了理智,他们永远不知道知足是什么,因为贪婪的心只会让他们越陷越深。生活中有多少这样的事情,比如,偷盗、贪污受贿、赌博……当一个人沉浸在欲望里的时候,他们其实已经迷失了自己,只为了寻求更多。朋友们,凡事讲求一个度,有舍才有得,我们要克服贪婪,从容面对生活,这样你收获的不仅是财富，还有无尽的欢乐。

以正确的心态面对失败

什么是失败？失败是一块试金石，它可以鉴定出你是否是金子；失败是一面镜子，在它面前，有人悲观颓废、自暴自弃，有人乐观开朗、积极向上。其实，已经过去的事情无法挽回。如果在错过月亮的时候你还在哭泣，那么你很快就会错过星星。我们必须对失败有一个清醒的认识，不要经不起失败的打击与考验，我们应该明白，没有人永远都是成功的，失败是很平常的事情。我们必须坦然接受失败的事实，认真分析、审视自己受挫的过程，多多寻找方法，克服生活中存在的问题。只有在跟失败的决斗中无所畏惧，才能打败它，走向成功。

李云和鹏鹏是邻居，平日里鹏鹏总爱去李云阿姨家里去玩。那天，李云阿姨晚上下班回家，看到8岁的鹏鹏一个人坐在街角，就连忙过去问他怎么了。鹏鹏看到李云，眼泪一下就止不住了，对李云说："阿姨，我爸说，今天的考试如果拿不到前三名，就不让我回家。"

李云连忙安慰他说："怎么会不让你回家呢，你爸爸只是想要激励你，让你取得好成绩。"鹏鹏擦着眼泪说："你不知道，我这次考试没有考好，我真的不应该失败的。我一直都是班里最好的。我真的没有想到，怎么会这样呢？阿姨，你说，我该怎么办呢？"

李云只好对鹏鹏说："鹏鹏，许多伟人都会面临失败，不可能每次都成功，大家都有发挥不好的时候，不要把这件事放在心上。你爸爸也不会真的不让你回家。"说着李云就拉着鹏鹏的手，往他家走去。

当李云敲开鹏鹏家的门时，鹏鹏的妈妈正着急地打着电话到处找鹏鹏，见到鹏鹏，立刻对着电话大喊："老公，鹏鹏回来了。李云给他送回来了。"隔得很远，都听得见鹏鹏爸爸的叫喊声："宝贝儿子，你怎么这么晚才回来？你要吓死爸爸吗？"

李云接过鹏鹏爸爸的电话，向他报平安，并委婉地告诉他不要强求孩子，但鹏鹏爸爸说："不是吧？我根本就没有说过这话，也从来没有强求过孩子要取得什么好成绩。鹏鹏这孩子就是耐挫性特差，一遇到点问题就受不了了。这可如何是好啊？"李云这才知道，说不让回家居然是鹏鹏的幻想，他强行给自己定下一个高目标，并给了惩罚的标准。也许，他以为自己很轻松就能完成这个任务，所以结果出来之后才那么难以接受。

是的，不光小孩子是这样，就连年纪大的人也是抵抗不住失败的打击的，长时间下来会导致心理出现一些问题。朋友们，我们要有一定的耐挫力，学会接受生活中的挫折与失败，人生还有很长的一段路要走，如果因为一点小失败就萎靡不振，那以后的日子还怎么度过呢？

一家大公司要招聘10名职员，经过一段时间严格的面试、笔试，公司从300多名应聘者中选出了10名佼佼者。

在招聘信息公布的那一天，一位年轻人看到结果名单上没有自己，当时感到十分的悲观，觉得人生无望，就回家有了轻生的念头，还好当时被家里人及时发现，否则后果不堪设想。

正当年轻人伤心之时，从公司传来了好消息：他的成绩本是名列前茅，只是由于计算机的错误，才导致了落选。

当时听到这个消息，这位年轻人的家人们感觉非常惊喜，可是没多久时间，坏消息却又再次传来：他被公司除了名。原因很简单，公司的老板认为："如此小的挫折都经受不了，这样的人肯定在公司里干不出什么大事。"

很多人觉得考验一个人的能力主要是看他在困境中的表现，看他如何面对失败与挫折。看失败能否唤起他更多的勇气；看失败能否使他更加努力；看失败能否使他发现新力量，挖掘内在潜力；看失败了以后他是更加坚强还是就此心灰意冷。

美国考皮尔公司前总裁F.比伦曾说过："失败也是一种机会。若是你在一年中不曾有过失败的记载，你就未曾勇于尝试各种应该把握的机会。"是啊，失败是成功的必经之路。一次次的失败就是通往成功道路上一个个的里程碑，只有从失败中吸取教训，总结经验，才能让我们不断成长前行。失败并不代表着结束，而恰恰是人生一个新的起点。当你失败的时候，请你不要停下你的脚步，你要放慢脚步寻找失败的原因，这样你接下来的步伐才会更加有力。

大丈夫能忍人所不能忍，才能为人所不能为

古人云："忍人之所不能忍，才能为人所不能为。"忍耐能带给我们力量，很多时候能够创造奇迹。当我们收回拳头的时候，从来都不是因为放弃，而是在积蓄力量，只有收回的拳头打出去才能更加有力。

唐朝诗人张公艺的《百忍歌》可以推荐给大家诵读。

百忍歌，歌百忍；

忍是大人之气量，忍是君子之根本；

能忍夏不热，能忍冬不冷；

能忍贫亦乐，能忍寿亦永；

贵不忍则倾，富不忍则捐；

不忍小事变大事，不忍善事终成恨；

父子不忍失慈孝，兄弟不忍失爱敬；

朋友不忍失义气，夫妇不忍多争竞；

刘伶败了名，只为酒不忍；

陈灵灭了国，只为色不忍；

石崇破了家，只为财不忍；

项羽送了命，只为气不忍；

如今犯罪人，都是不知忍；

古来创业人，谁个不是忍。

忍耐也是一种智慧，小不忍则乱大谋，不懂得忍耐何谈成就更好的自己？其实，从某种意义上说，忍耐也是为了等待，等待自己更好机会的到来；忍耐也是为了积蓄自己的力量，为了变成更优秀的自己而磨炼心性。只有学会了忍耐，才能为人所不能为，因为成功需要积蓄力量。

春秋时期，越王勾践被吴王夫差打败，退守在会稽山上。越王要求跟吴国讲和，吴国的条件是要勾践夫妇到吴国给夫差当仆役，勾践答应了。

勾践将国事委托给大夫文种，让大夫范蠡随他夫妇俩前往吴国。到了吴国，他们被囚禁在山洞石室中。夫差两次外出，勾践都亲自为他牵马。有人指着骂他，他也不在乎，低眉顺眼，始终表现出一副驯服的面孔，很讨夫差欢心。

一次，夫差病了，勾践在背地里让范蠡预测了一下，知道他的病不久就会好，于是亲自去见夫差，探问病情，并亲口尝了尝夫差的粪便，向夫差道贺，说他的病很快就会好的。夫差问他怎么知道，勾践就胡编说："我曾经跟名医学过医道，只要尝一尝病人的粪便，就能知道病的轻重。刚才我尝了大王的粪便，味酸而稍微有点苦，用医生的话说，是得了'时气症'，所以病很快会好，大王不必担心。"

果然不几天，夫差的病就好了。夫差认为勾践比自己的儿子还孝顺，深受感动，就把勾践放回越国去了。

勾践回越国后，深为会稽之耻而痛苦，一心伺机报仇。他睡不好觉，吃不好饭，不近美色，不看歌舞，苦心劳力，唇干肺伤，对内爱抚群臣，对下教育百姓，经过三年的努力，百姓都归顺了他。

为了更好地笼络群臣，每当有甘美的食物，如果不够分他就不敢独吃；有酒就倒入江中，与人民共饮；他自己耕种吃饭，靠妻子亲手织布穿衣，吃喝不求山珍海味，衣服不穿绫罗绸缎。为了锻炼斗志，他不过舒服的生活，连褥子都不用，床上铺着柴草，还备有一个苦胆，随时尝一尝苦味，以提醒自己不忘所受之苦。他还经常外出巡视，随同车辆装着食物去探望孤寡老弱病残之人。

国力强盛之后，越国终于与吴国在五湖决战，吴国军队大败，越军包围了吴王的王宫，攻下城门，活捉夫差，杀死吴国宰相。灭掉吴国两年后，越国称霸诸侯。

勾践卧薪尝胆，忍他人所不能忍，为他人所不能为，是隐忍让他成就了最后的霸业。对于一个王者来说，甘于屈尊于他人，以奴仆的身份面对世人，那是一种多大的魄力啊！这是一种韬光养晦的谋略，也是一种能屈能伸的气魄，更是一种等待时机一飞冲天的智慧!

《猫王》中有一段话很有意义:"一只不懂忍耐的猫,是不配作战的。你手里有千军万马,可是,战争给你的机会也许只有一次,你必须先学会等待,让自己静下来,因为只有这个时候,你的头脑最清醒,能够对事态做出正确的判断。一旦机会来到,你才能稳稳抓住,做出致命一击。"是的,凡是能够有所作为的人,大都有着能屈能伸的个性和坚韧不拔的意志。我们不可能永远处于被动,总有翻身的那一天,学会忍耐,用以积蓄自己的力量,总有机会让你证明自己的能力。

做好自身建设,才能构建人生

我们身边有很多这样的人,他们好高骛远,总是不切实际地追求过高或过远的目标,其结果却是一事无成。好高骛远者往往总盯着很多很远的目标,大事做不来,小事又不做,最终空怀奇想,落空而归。其实,我们应该明白这个道理,如果连基本的都做不好,怎么去实现那些大的目标呢?秦牧在《画蛋·练功》文中讲道:"必须打好基础,才能建造房子,这道理很浅显。但好高骛远,贪抄捷径的心理,却常常妨碍人们去认识这最普通的道理。"多少人在追寻成功的道路上因为不懂得基础的重要性而迷失了自己,并导致最终一败涂地。所以说，我们必须打好基础，根基稳定牢固了，才能构建自己更高、更辉煌的人生。

《列子·汤问》记载了一个纪昌学射箭的故事。

相传，古时候有一位射箭能手名叫甘蝇。他只要对准野兽，一拉弓射箭，野兽就立刻应声而倒，他将箭射向天空中的飞鸟，顷刻间，飞鸟就会从空中坠落下来。凡是见过甘蝇射箭的人，没有一个人不称赞他的射术的，都说他箭无虚发，百发百中。

甘蝇有个学生名叫飞卫，他跟着甘蝇学习射箭非常刻苦。几年之后，飞卫射箭的本领竟然超过了他的老师，人们都称赞他名师出高徒。后来，有个名叫纪昌的人慕名而来，拜飞卫为师，跟随飞卫学习射术。飞卫收了纪昌做弟子之后，对纪昌要求十分严格。刚开始学习射箭时，飞卫就对纪昌说："你是真心要跟我学习射箭吗？你要知道，不下苦功是学不到真本领的。"纪昌立刻表示："只要能学到射箭的真本领，吃再多的苦我也不怕，我愿意听老师指教。"飞卫很严肃地对他说："你要首先学会不眨眼，只有先做到了不眨眼，才能谈得上学射箭。"

纪昌听了老师的话以后，回到家里，仰面朝天躺在妻子的织布机下面，双眼一眨不眨地盯着妻子织布时不停踩动的踏板。纪昌天天如此，月月如此，这样坚持了整整两年，从未间断。后来，即使锥子的尖端刺到了他的眼眶边，他的双眼也能

217

够一眨不眨。

纪昌于是离开妻子又到飞卫那里去了。飞卫听完纪昌对自己两年来练习情况的汇报后又对纪昌说："你现在还没有学到家。要想学好射箭，你还必须要练好眼力，要练到看细小的东西像看大的东西一样，看模糊的东西就像看到明显的东西一样。你还得继续练，练到了我所说的程度，再告诉我。"

纪昌再一次回到家中，找了一根极细的牦牛尾巴上的毛，一头系上一只小虱子悬挂在窗框上，目不转睛地看着那个小虱子。十天之后，那个小虱子似乎变大了。纪昌继续坚持不懈地练习。又过了三年，他眼中那个系在牦牛尾毛下端的小虱子似乎又变大，好像车轮一样大小了。纪昌再看周围其他的东西，好像全都变大了。

于是纪昌找来了用北方生长的牛角作装饰的强弓，又找来了用出产在北方的蓬竹所制成的利箭。他左手持弓，右手搭箭，目不转睛地瞄准那只虱子，将箭射了出去，箭头刚好从虱子身体的中心穿过。而悬挂虱子的牦牛尾毛却没有丝毫损伤。这时候，纪昌才真正体会到要想学真本领非下苦功夫不可，如果基础打不好，根本没法学到里面的精髓。于是，他又去找飞卫，把这一成绩告诉了老师。

飞卫听了纪昌的汇报非常高兴，走过去对纪昌说："看来射箭的奥妙，你已经完全掌握了啊！"

想要学好一门本领提升自己的能力，必须要有良好的基础,如果不懂得下苦功夫,那么基础就不会牢固;如果基础不牢固,那么不管学什么都是泛而不精。学习射箭必须先练眼力,基础的动作扎实了,应用就可以千变万化。其实我们的学习、工作和生活又何尝不是这个道理呢?实现自己梦想的过程就好比是建房子,如果只想往上砌砖,而忘记打牢基础,总有一天房子会倒塌。

时机来临时,一定要积极主动地抓住

有一则寓言故事讲述了一头口渴的驴子的故事,这则故事告诉了人们善于等待有着怎样的意义。

有一头驴,在固定的时间走到河边饮水。可是这个时候水里的鸭群扇动翅膀,正在开心地玩耍。它们嘎嘎地叫着,互相追逐,结果把水搅得浑浊不堪。

这时驴虽然渴得难以忍受,但是它还是滴水不沾,走到一边,开始耐心等待。

最后,鸭群平息下来,爬上岸,慢慢腾腾地走远,驴重新来到河边,可是河水还是很浑浊。于是,驴又悻悻地走开。

"妈妈,驴为什么不喝水呢?"好奇的小青蛙对驴的举动很困惑,"它已经两次走到河边,可是连一口水也没喝就走了。"

青蛙妈妈回答道:"驴宁愿渴着,也不沾一口脏水。它会耐心等待,直到水变得干净,变得清澈见底,才肯饮用!"

"哎呀!驴怎么这么固执呢?"

"你说得不对,孩子,与其说它固执,不如说它有耐心。"青蛙妈妈解释说,"驴善于等待,所以能够喝到干净的水。如果它缺乏自制能力和忍耐力,就只能喝浑浊的脏水了。"

从故事中我们可以看出驴非常口渴,但是它却没有急着去喝脏水,而是用一颗平静的心去等待。我们应该从这只驴的身上学会坚忍的品质,要明白成功是需要等待的,而不是急于求成。一个人要想办成一件事,没有顽强的毅力和极好的耐心是不行的。学习是这样,工作和做事也是这样。

东晋的王猛出生在青州北海郡剧县,年幼时因战争动乱,他随父母逃难到了魏郡。在王猛年轻的时候,曾经到过后赵的都城——邺城,那里的达官显贵没有一个人瞧得起他,唯独有一个叫徐统的,见了他以后非常惊奇,认为他是一个了不起的人物。于是,徐统召请王猛为功曹,可是王猛不仅不答应徐统的召请,反而逃到西岳华山隐居起来。因为他认为自己的才能不应该干功曹之类的事,而是应该去帮助一国之君来干大事,所以他隐居在山中,静观时势变化,等待机会的到来。

公元351年,氐族的苻健在长安建立前秦王朝,力量日渐强大。公元354年,东晋的大将军桓温带兵北伐,击败了苻健的军队,把部队驻扎在灞上。王猛身穿麻布短衣,径直到桓温的大堂求见。桓温请他谈谈对当时局势的看法。王猛在大庭广众之中，一边把手伸进衣襟里去捉虱子，一边纵谈天下之事，滔滔不绝，旁若无人。

桓温见此情景，心中暗暗称奇，他对王猛说："我遵照皇帝之命，率10万精兵，号称正义之师前来讨伐逆贼，为百姓除害，以安天下。可是，关中豪杰却没有人到我这里来效劳，这是什么缘故呢？"王猛直言不讳地回答说："您不远千里来讨伐敌寇，长安城近在眼前，而您却不渡过灞水去把它拿下，大家都揣摩不透您的心思，所以才不来。"

桓温沉默良久。王猛的话正暗暗击中了他的要害，他的打算是，自己平定了关中也只能得个虚名，而实际地盘是归朝廷所有，与其消耗实力，为他人做嫁衣裳，还不如拥兵自重，为自己将来夺取朝廷大权保存力量。

正因为王猛一言即中，桓温更加认识到他的非同凡响，便说道："这江东没有人能比得上你。"

后来，桓温退兵了，临行前，他送给王猛漂亮的车子和上等的马匹，又授予王猛"都护"一职，请王猛随他一同南下。但王猛拒绝了桓温的邀请，继续隐居华山。开始的时候王猛的确是想借桓温这个机会来干一番事业的，但是他考察桓温和分析东晋的形势之后，认为桓温不是甘心久居人下之人，迟早会反叛朝廷的，但是以桓温的实力未必能够成功，自己在桓温手下很难有所作为。

桓温走后的第二年，前秦的苻健去世，继位的是中国历史上有名的暴君苻生。苻生昏庸残暴，杀人如麻。苻健的侄子苻坚想除掉这个暴君，于是广招贤才，以壮大自己的实力。他听说了王猛的名声，就派尚书吕婆楼去请王猛出山。苻坚与王猛一见如故。他们谈论天下大事，双方的意见不谋而合。苻坚觉得自己遇到王猛就像三国时的刘备遇到了诸葛亮，王猛觉得眼前的苻坚才是值得自己一生效力的对象。于是，王猛留在苻坚身边，积极为他出谋划策。

公元357年，苻坚一举消灭了暴君苻生，自己做了前秦的国君，而王猛成了他手下的得力助手，任中书侍郎，掌管国家机密，参与朝廷大事。王猛36岁时，因为才能突出，精明能干，一年之中连升了五级，成了前秦的尚书左仆射、辅国将军、司隶校尉，为苻坚治理天下出谋划策，做出了一番轰轰烈烈的大事业，成为中国封建社会杰出的政治家。

王猛没有为了求取富贵荣华而做出一些急功近利的事情，他懂得韬光养晦，更有一颗隐忍等待的心，终于抓住时机，遇到了明主，也最终成就了自己的一番事业。总之，只要善于等待时机，你才不会错过时机，只有懂得积蓄力量，终有一天你会蓄势待发，一飞冲天。善于等待的人，一切都会及时到来，想要成就一番事业，就必须丢弃浮躁的心理，磨炼自己的意志，韬光养晦，这样才能成就更优秀的自己。

第 11 章
实现完美自我蜕变，你的人生也将改变

只有改变自己，才能改变环境

张颖是一个非常优秀的学生。在学校，她几乎是"全优生"——每次考试全校总分第一，各单科第一；参加全校运动会，她是长跑组的第一；参加唱歌比赛，她是全校第一。总之，在学校，提起张颖的名字，其他的同学都知道她是"第一"。

但是，进入了高二后，张颖却变得闷闷不乐起来，而且学习成绩也直线下降，不仅拿不到各单科第一，连总分第一也拱手让给了别人。她越来越烦躁，脾气越来越坏……

后来，班主任发现了其中的秘密——原来，张颖长期"第一"后，自尊心膨胀，便力争事事第一，一旦看到"本属于自己的第一"被别人夺走后，便会自责，便会日夜加班去追赶。结果，由于休息得不到保障，她失去"第一"的次数越来越多，情绪不好的时候也越来越多，内心也越来越痛苦。

有一天早上，张颖第一个到校，走到教室门口时，另一个同学冲上来，抢着去开门，说："我今天做回'第一'！让我尝尝开教室门的滋味儿！"

不容分说，那个同学抢先打开了教室的门，并冲了进去，然后回头冲着张颖得意地笑。她的光芒顿时隐去，她的心隐隐发痛。张颖忍住泪水，脱口说出一句："第一是我的，你怎么可以……"

那个同学向张颖做了一个鬼脸，说："干吗老占着'第一'，让我也尝尝'第一'的滋味儿……"

事事争第一的张颖此时恨不得从地缝钻下去，因为自己的"第一"被别人强行抢走了。

事后，班主任老师找到张颖，跟她说道："张颖，我知道你现在的情况，因为成绩一直是第一，所以感觉如果稍微有一点变动就会接受不了。争取'第一'说明你的上进心比较强，但是你不能永远被'第一'给牵制住。我们要尽全力让自己变得优秀，但是人人不能保证自己永远第一，我们不能在成绩起伏的时候迷失了自己。我们改变不了别人，无法阻止他人的前进，但是我们要做的就是不断完善自己，超越自己。成绩优秀时不骄不躁，成绩下降时积累经验，这样我们才能健康地成长。"

张颖听到老师的话恍然大悟，从此她再也不因此而烦恼，而是以一颗平常心去面对，尽最大努力地改变自己，超越自己，后来自己变得更加开朗，成绩也仍旧那么优秀。

是啊，我们改变不了这个世界，但是我们能够改变自己，我们可以让自己变得更加优秀。只有看到自己的缺点和不足，能够正视自己，我们才能更好地完善自己。

其实，每个人都蕴含着无限的能量，只是大部分人没有发挥出来而已。你不逼自己一把，真的不知道自己到底有多优秀，所以我们应该懂得挑战自己的极限，不断地超越自己，让自己迸发出惊人的力量，这样你才能看到一个全新的自己。每一个自我都必须处于不断的更新之中，经常进行新的自我规划，就可以在不断的成长中脱胎换骨，生命的品质也会在这不断的变化中趋向更高的境界。

参考文献

[1]青创客成长学院.改变,是为遇见更好的自己[M].北京:中国青年出版社,2020.

[2]周岭.认知觉醒:开启自我改变的原动力[M].北京:人民邮电出版社,2020.

[3]小野.改变力:世界正在残酷惩罚不改变的人[M].北京:北京联合出版公司,2017.

[4]冯晓霞.精进:如何成为一个内心强大的人[M].北京:中国言实出版社,2019.

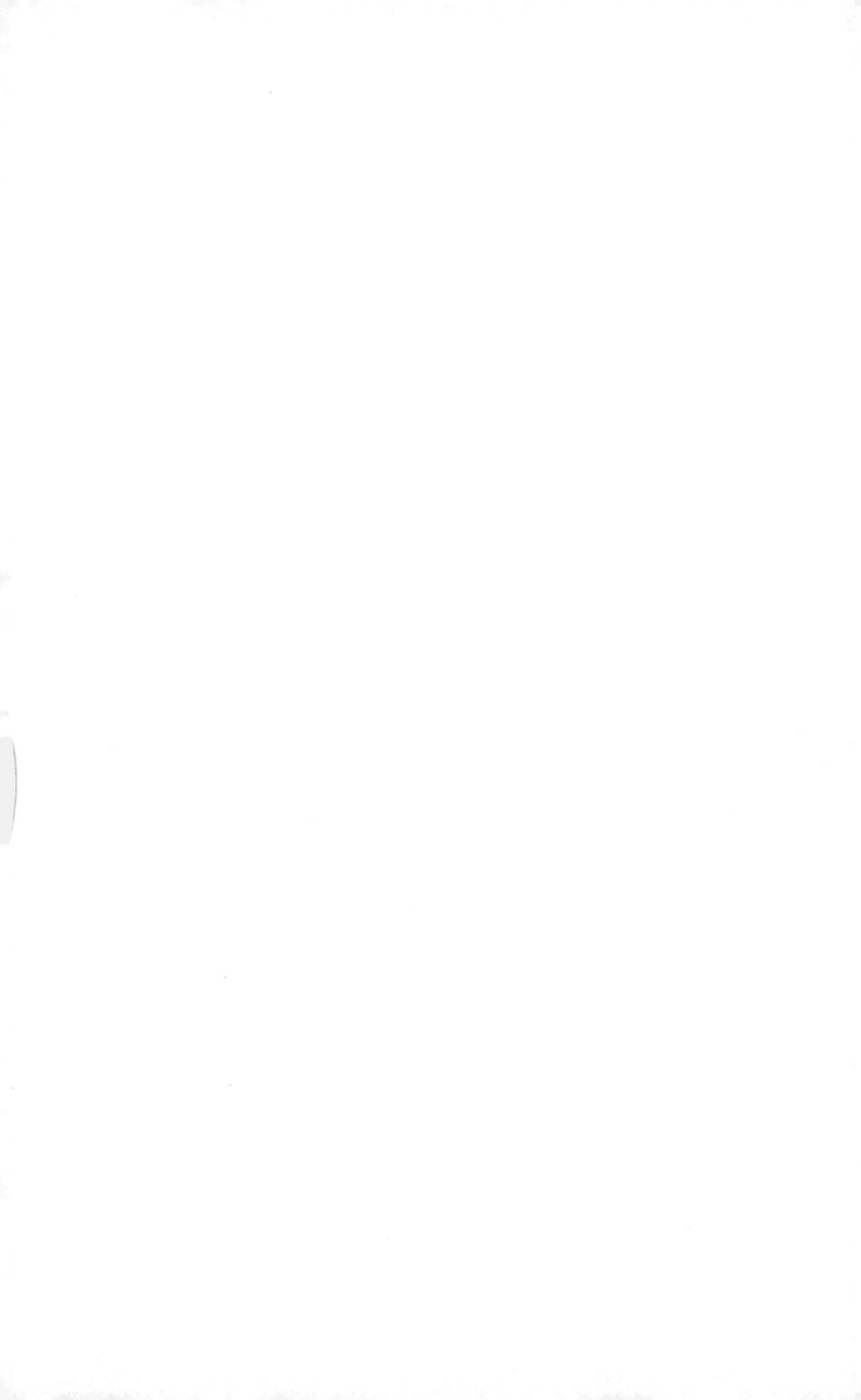